高等院校精品课程系列规划教材·高等数学

高等数学同步辅导

（下册）

周晖杰　　徐海勇　　刘明华　主编

ZHEJIANG UNIVERSITY PRESS
浙江大学出版社

前　言

  《高等数学》不仅是大多数大学生后续课程学习所必备的基础课,同时也是许多专业硕士研究生入学考试的必考课程。然而,近年来随着教学改革的实施,《高等数学》授课时间有所减少,这对该课程中基本概念的理解、知识点的融会贯通、知识面的拓展必然造成一定的影响;另外,后续课程及研究生入学考试对《高等数学》的要求又有所深化。如何解决这些问题?如何满足学生对《高等数学》学习的不同需求?为此我们编写了这本《高等数学同步辅导》,它是学生进行各个阶段性复习的指导书,也可作为教师讲授习题课时所需的参考书。

  本书与同济大学应用数学系编写的《高等数学》(本科少学时类型)教材相配套,分上、下两册,共十一章,包括函数与极限、导数与微分、中值定理与导数应用、不定积分、定积分及其应用、微分方程、向量代数与空间解析几何、多元函数微分法及其应用、重积分、曲线积分、无穷级数等内容。

  每一章由内容摘要、典型例题与同步练习、练习题(题后附有参考答案)三部分组成。内容摘要部分总结了本章定义、重要定理、重要公式及解题方法。典型例题与同步练习部分精选了各类典型例题,并配有同类型的练习题及解答与提示,其中较难的试题以※号标明。练习题部分以基本概念、基本性质、基本计算方法为主,适当配备了一些证明题及应用题,可以检查在《高等数学》学习中是否达到大纲的要求。

  总之,本书主要阐述了《高等数学》的基本理论和基本方法,剖析了《高等数学》的重点和难点。目的在于帮助学生顺利阅读《高等数学》课本,克服解题过程中遇到的困难,更好地掌握《高等数学》的基本理论和解题方法,以提高分析问题和解决实际问题的能力,为今后的学习、工作需要打下坚实的基础。

  要写好一本教学辅导书实非易事,限于时间有限,本书难免会有缺点和错误,欢迎读者朋友批评指正。

编　者

2014 年 1 月

目　　录

第七章

向量代数与空间解析几何

一、内容摘要

(一)向量代数

1. 向量的概念

(1)向量:$\boldsymbol{a}=(a_x,a_y,a_z)$,如图 7.1 所示.

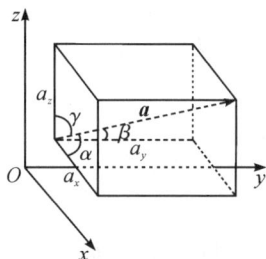

图 7.1

(2)单位向量:$\boldsymbol{a}^0=\dfrac{\boldsymbol{a}}{|\boldsymbol{a}|}=\left(\dfrac{a_x}{|\boldsymbol{a}|},\dfrac{a_y}{|\boldsymbol{a}|},\dfrac{a_z}{|\boldsymbol{a}|}\right)$.

(3)向量的模:$|\boldsymbol{a}|=\sqrt{a_x^2+a_y^2+a_z^2}$.

(4)方向余弦:$\cos\alpha=\dfrac{a_x}{|\boldsymbol{a}|},\cos\beta=\dfrac{a_y}{|\boldsymbol{a}|},\cos\gamma=\dfrac{a_z}{|\boldsymbol{a}|}$,且 $\cos^2\alpha+\cos^2\beta+\cos^2\gamma=1$.

2. 向量的运算

(1)线性运算

$\boldsymbol{a}\pm\boldsymbol{b}=(a_x\pm b_x,a_y\pm b_y,a_z\pm b_z),\lambda\boldsymbol{a}=(\lambda a_x,\lambda a_y,\lambda a_z)$.

（2）向量的数量积

$$\boldsymbol{a} \cdot \boldsymbol{b} = |\boldsymbol{a}||\boldsymbol{b}|\cos(\widehat{\boldsymbol{a},\boldsymbol{b}}) = a_x b_x + a_y b_y + a_z b_z = |\boldsymbol{a}|\,\mathrm{Prj}_{\boldsymbol{a}}\boldsymbol{b} = |\boldsymbol{b}|\,\mathrm{Prj}_{\boldsymbol{b}}\boldsymbol{a}.$$

（3）向量的向量积

向量积 $\boldsymbol{a} \times \boldsymbol{b}$ 为向量，且

①向量的模：$|\boldsymbol{a} \times \boldsymbol{b}| = |\boldsymbol{a}||\boldsymbol{b}|\sin(\widehat{\boldsymbol{a},\boldsymbol{b}})$.

②向量的方向：垂直于 $\boldsymbol{a},\boldsymbol{b}$ 确定的平面，符合右手规则从 $\boldsymbol{a}$ 转到 $\boldsymbol{b}$，拇指的指向是向量积 $\boldsymbol{a} \times \boldsymbol{b}$ 的方向，如图 7.2 所示.

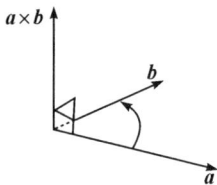

图 7.2

③几何意义：以 $|\boldsymbol{a}|,|\boldsymbol{b}|$ 为邻边的平行四边形的面积 $S_{\square} = |\boldsymbol{a} \times \boldsymbol{b}|$，以 $|\boldsymbol{a}|,|\boldsymbol{b}|$ 为邻边的三角形面积 $S_{\triangle} = \dfrac{1}{2}|\boldsymbol{a} \times \boldsymbol{b}|$，如图 7.3 所示.

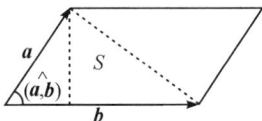

图 7.3

④坐标运算：$\boldsymbol{a} \times \boldsymbol{b} = \begin{vmatrix} \boldsymbol{i} & \boldsymbol{j} & \boldsymbol{k} \\ a_x & a_y & a_z \\ b_x & b_y & b_z \end{vmatrix}$.

※（4）向量的混合积

①定义：$[\boldsymbol{abc}] = (\boldsymbol{a} \times \boldsymbol{b}) \cdot \boldsymbol{c} = \begin{vmatrix} a_x & a_y & a_z \\ b_x & b_y & b_z \\ c_x & c_y & c_z \end{vmatrix}$.

②几何意义：以 $|\boldsymbol{a}|,|\boldsymbol{b}|,|\boldsymbol{c}|$ 为棱的平行六面体的体积 $V = |(\boldsymbol{a} \times \boldsymbol{b}) \cdot \boldsymbol{c}|$，以 $|\boldsymbol{a}|,|\boldsymbol{b}|,|\boldsymbol{c}|$ 为棱的四面体的体积 $V' = \dfrac{1}{6}|(\boldsymbol{a} \times \boldsymbol{b}) \cdot \boldsymbol{c}|$，如图 7.4 所示.

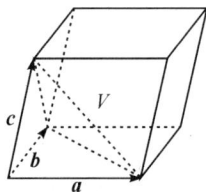

图 7.4

3. 两非零向量 a, b 平行、垂直的条件

(1) $a \parallel b \Leftrightarrow$ 存在唯一实数 λ，使 $b = \lambda a \Leftrightarrow a \times b = 0 \Leftrightarrow \dfrac{b_x}{a_x} = \dfrac{b_y}{a_y} = \dfrac{b_z}{a_z}$.

(2) $a \perp b \Leftrightarrow a \cdot b = 0 \Leftrightarrow a_x b_x + a_y b_y + a_z b_z = 0$.

(二) 平面与直线

1. 平面及其方程

(1) 平面方程

① 点法式：$A(x - x_0) + B(y - y_0) + C(z - z_0) = 0$，其中 (x_0, y_0, z_0) 为平面上一点，$n = (A, B, C)$ 为平面的法向量.

② 一般式：$Ax + By + Cz + D = 0$，其中 $n = (A, B, C)$ 为平面的法向量.

③ 截距式：$\dfrac{x}{a} + \dfrac{y}{b} + \dfrac{z}{c} = 1$，其中 a, b, c 为平面在 x 轴，y 轴，z 轴上的截距.

注：该方程不能用来表示经过原点的平面方程.

(2) 点 (x_0, y_0, z_0) 到平面 $Ax + By + Cz + D = 0$ 的距离

$$d = \frac{\left| Ax_0 + By_0 + Cz_0 + D \right|}{\sqrt{A^2 + B^2 + C^2}},$$

其中 $n = (A, B, C)$ 为平面的法向量.

(3) 两平面的夹角

$$\cos\theta = |\cos(\widehat{n_1, n_2})| = \frac{\left| A_1 A_2 + B_1 B_2 + C_1 C_2 \right|}{\sqrt{A_1^2 + B_1^2 + C_1^2} \sqrt{A_2^2 + B_2^2 + C_2^2}} \left(0 \leqslant \theta \leqslant \frac{\pi}{2} \right),$$

其中两平面的法向量分别为 $n_1 = (A_1, B_1, C_1)$，$n_2 = (A_2, B_2, C_2)$.

2. 直线及其方程

(1) 直线方程

① 对称式：$\dfrac{x - x_0}{m} = \dfrac{y - y_0}{n} = \dfrac{z - z_0}{p}$，其中 (x_0, y_0, z_0) 为直线上的一点，$s = (m, n, p)$ 为直线的方向向量.

② 一般式：$\begin{cases} A_1 x + B_1 y + C_1 z + D_1 = 0 \\ A_2 x + B_2 y + C_2 z + D_2 = 0 \end{cases}$，其中 $A_1 : B_1 : C_1 \neq A_2 : B_2 : C_2$.

③ 两点式：$\dfrac{x - x_0}{x_1 - x_0} = \dfrac{y - y_0}{y_1 - y_0} = \dfrac{z - z_0}{z_1 - z_0}$，其中 (x_0, y_0, z_0)，(x_1, y_1, z_1) 为直线上的两点.

④ 参数式：$\begin{cases} x = x_0 + mt \\ y = y_0 + nt \\ z = z_0 + pt \end{cases}$，其中 (x_0, y_0, z_0) 为直线上的一点，t 为参变量.

(2) 直线与直线的夹角

$$\cos\theta = |\cos(\widehat{s_1, s_2})| = \frac{\left| m_1 m_2 + n_1 n_2 + p_1 p_2 \right|}{\sqrt{m_1^2 + n_1^2 + p_1^2} \sqrt{m_2^2 + n_2^2 + p_2^2}} \left(0 \leqslant \theta \leqslant \frac{\pi}{2} \right),$$

其中两直线的方向向量分别为 $s_1=(m_1,n_1,p_1)$，$s_2=(m_2,n_2,p_2)$.

(3)直线与平面的夹角

$$\sin\varphi=|\cos(\widehat{\boldsymbol{n},\boldsymbol{s}})|=\frac{|Am+Bn+Cp|}{\sqrt{A^2+B^2+C^2}\sqrt{m^2+n^2+p^2}}\left(0\leqslant\varphi\leqslant\frac{\pi}{2}\right),$$

其中 $\boldsymbol{s}=(m,n,p)$ 为直线的方向向量，$\boldsymbol{n}=(A,B,C)$ 为平面的法向量.

(4)点 $M_0(x_0,y_0,z_0)$ 到直线 $\dfrac{x-x_1}{m}=\dfrac{y-y_1}{n}=\dfrac{z-z_1}{p}$ 的距离

$$d=\frac{|\overrightarrow{M_0M_1}\times\boldsymbol{s}|}{|\boldsymbol{s}|}=\frac{\begin{vmatrix} \boldsymbol{i} & \boldsymbol{j} & \boldsymbol{k} \\ m & n & p \\ x_1-x_0 & y_1-y_0 & z_1-z_0 \end{vmatrix}}{\sqrt{m^2+n^2+p^2}}(\text{等面积法}),$$

其中 $\boldsymbol{s}=(m,n,p)$ 为直线的方向向量，$M_1(x_1,y_1,z_1)$ 为直线上一点.

3. 直线与平面平行、垂直的条件

设平面 $\Pi:Ax+By+Cz+D=0$，直线 $L:\dfrac{x-x_0}{m}=\dfrac{y-y_0}{n}=\dfrac{z-z_0}{p}$，则有：

①平行：$\Pi\,/\!/\,L\Leftrightarrow Am+Bn+Cp=0$，且 $Ax_0+By_0+Cz_0+D\neq0$.

②垂直：$\Pi\perp L\Leftrightarrow\boldsymbol{n}\,/\!/\,\boldsymbol{s}\Leftrightarrow\dfrac{A}{m}=\dfrac{B}{n}=\dfrac{C}{p}$.

③直线在平面上：$L\in\Pi\Leftrightarrow Am+Bn+Cp=0$，且 $Ax_0+By_0+Cz_0+D=0$.

※4. 平面束

过直线 $L:\begin{cases} A_1x+B_1y+C_1z+D_1=0 \\ A_2x+B_2y+C_2z+D_2=0 \end{cases}(A_1:B_1:C_1\neq A_2:B_2:C_2)$ 的所有平面

(除平面 $A_2x+B_2y+C_2z+D_2=0$ 外)的方程为

$$A_1x+B_1y+C_1z+D_1+\lambda(A_2x+B_2y+C_2z+D_2)=0,$$

即是过直线 L 的平面束方程.

(三)曲面

1. 旋转曲面方程

(1)在 xOy 坐标面上的曲线 $l_1:\begin{cases} F(x,y)=0 \\ z=0 \end{cases}$

①绕 x 轴旋转一周所得旋转曲面方程为 $F(x,\pm\sqrt{y^2+z^2})=0$；

②绕 y 轴旋转一周所得旋转曲面方程为 $F(\pm\sqrt{x^2+z^2},y)=0$.

(2)在 xOz 坐标面上的曲线 $l_2:\begin{cases} F(x,z)=0 \\ y=0 \end{cases}$

①绕 x 轴旋转一周所得旋转曲面方程为 $F(x,\pm\sqrt{y^2+z^2})=0$；

②绕 z 轴旋转一周所得旋转曲面方程为 $F(\pm\sqrt{x^2+y^2},z)=0$.

（3）在 yOz 坐标面上的曲线 l_3：$\begin{cases} F(y,z)=0 \\ x=0 \end{cases}$

①绕 y 轴旋转一周所得旋转曲面方程为 $F(y,\pm\sqrt{x^2+z^2})=0$；

②绕 z 轴旋转一周所得旋转曲面方程为 $F(\pm\sqrt{x^2+y^2},z)=0$.

2. 柱面方程

（1）母线平行于 z 轴的柱面方程：$F(x,y)=0$.

（2）母线平行于 y 轴的柱面方程：$G(x,z)=0$.

（3）母线平行于 x 轴的柱面方程：$H(y,z)=0$.

（4）常见的柱面方程

①圆柱面方程：$x^2+y^2=a^2$，$x^2+z^2=a^2$，$y^2+z^2=a^2$，$(x-a)^2+y^2=a^2$.

②抛物柱面方程：$y=ax^2$，$z=ax^2$，$y=az^2$.

③椭圆柱面方程：$\dfrac{x^2}{a^2}+\dfrac{y^2}{b^2}=1$，$\dfrac{x^2}{a^2}+\dfrac{z^2}{b^2}=1$，$\dfrac{y^2}{a^2}+\dfrac{z^2}{b^2}=1$.

④双曲柱面方程：$\dfrac{x^2}{a^2}-\dfrac{y^2}{b^2}=1$，$\dfrac{x^2}{a^2}-\dfrac{z^2}{b^2}=1$，$\dfrac{y^2}{a^2}-\dfrac{z^2}{b^2}=1$.

3. 二次曲面方程

（1）球面方程：$x^2+y^2+z^2=R^2$，

$$(x-x_0)^2+(y-y_0)^2+(z-z_0)^2=R^2.$$

（2）椭球面方程：$\dfrac{x^2}{a^2}+\dfrac{y^2}{b^2}+\dfrac{z^2}{c^2}=1$，

$$\frac{(x-x_0)^2}{a^2}+\frac{(y-y_0)^2}{b^2}+\frac{(z-z_0)^2}{c^2}=1.$$

（3）椭圆抛物面方程：$z=\dfrac{x^2}{2p}+\dfrac{y^2}{2q}$（$p,q$ 同号）.

（4）双曲抛物面方程：$z=\dfrac{x^2}{2p}-\dfrac{y^2}{2q}$（$p,q$ 同号）.

（5）椭圆锥面方程：$\dfrac{x^2}{a^2}+\dfrac{y^2}{b^2}-\dfrac{z^2}{c^2}=0$.

（6）圆锥面方程：$\dfrac{x^2+y^2}{a^2}-\dfrac{z^2}{c^2}=0$.

（7）单叶双曲面方程：$\dfrac{x^2}{a^2}+\dfrac{y^2}{b^2}-\dfrac{z^2}{c^2}=1$.

（8）双叶双曲面方程：$\dfrac{x^2}{a^2}-\dfrac{y^2}{b^2}-\dfrac{z^2}{c^2}=1$.

（四）空间曲线 Γ

1. 一般方程

$\begin{cases} F(x,y,z)=0 \\ G(x,y,z)=0 \end{cases}$，这是两曲面 $F(x,y,z)=0$，$G(x,y,z)=0$ 的交线.

（1）投影柱面

消去 z 得母线平行于 z 轴的关于 xOy 面的投影柱面方程为 $H(x,y)=0$.

（2）投影曲线

关于 xOy 面的投影曲线方程为 $\begin{cases} H(x,y)=0 \\ z=0 \end{cases}$.

注：同理，还可以得到关于 yOz 面与 zOx 面的投影柱面方程与投影曲线方程.

2. 参数方程

$$\begin{cases} x=x(t) \\ y=y(t) \\ z=z(t) \end{cases}, \text{其中 } t \text{ 为参变量.}$$

二、典型例题与同步练习

1. 向量及其运算

例 7-1　设向量 $a=j-2k$，$b=i+\dfrac{1}{2}j-k$，求向量 $c=3a-2b$ 的模、方向余弦及与 c 同方向的单位向量 c^0.

解　$c=3a-2b=3(j-2k)-2(i+\dfrac{1}{2}j-k)=-2i+2j-4k$，

于是

$$|c|=\sqrt{(-2)^2+2^2+(-4)^2}=2\sqrt{6},$$

$$\cos\alpha=\frac{-2}{|c|}=-\frac{1}{\sqrt{6}},\cos\beta=\frac{2}{|c|}=\frac{1}{\sqrt{6}},\cos\gamma=\frac{-4}{|c|}=-\frac{2}{\sqrt{6}},$$

从而与 c 同方向的单位向量是

$$c^0=-\frac{\sqrt{6}}{6}i+\frac{\sqrt{6}}{6}j-\frac{\sqrt{6}}{3}k.$$

例 7-2　设向量 $a=2i-3j+k$，$b=i-2j+3k$，$c=2i+j+2k$，且 $r\perp a$，$r\perp b$，$\text{Prj}_c r=14$，求 r 及与 r 平行的单位向量.

解　据题意 $r\perp a$，$r\perp b$，则 r 与 $a\times b$ 平行.

$$a\times b=\begin{vmatrix} i & j & k \\ 2 & -3 & 1 \\ 1 & -2 & 3 \end{vmatrix}=(-7,-5,-1),$$

可设 $r=(7t,5t,t)$，

则 $\text{Prj}_c r=|r|\cos\theta=\dfrac{r\cdot c}{|c|}=\dfrac{14t+5t+2t}{\sqrt{2^2+1^2+2^2}}=7t,$

据题意 $\text{Prj}_c r=14$，所以 $t=2$，于是

$$r = 14i + 10j + 2k,$$

且 $|r| = 10\sqrt{3}$，因此与向量 r 平行的单位向量为

$$r^0 = \frac{\pm 1}{|r|}(14i + 10j + 2k)$$

$$= \pm\frac{\sqrt{3}}{15}(7i + 5j + k).$$

例 7-3　已知 $|a| = 2$，$|b| = \sqrt{2}$，且 $|a \times b| = 2$，求 $a \cdot b$.

解　向量积的模

$$|a \times b| = |a||b|\sin(a\overset{\wedge}{,}b) = 2\sqrt{2}\sin(a\overset{\wedge}{,}b) = 2,$$

可得：$\sin(a\overset{\wedge}{,}b) = \frac{\sqrt{2}}{2}$，

故 $\cos(a\overset{\wedge}{,}b) = \pm\frac{\sqrt{2}}{2}$，

数量积 $a \cdot b = |a||b|\cos(a\overset{\wedge}{,}b) = 2\sqrt{2}\cos(a\overset{\wedge}{,}b) = \pm 2.$

例 7-4　若 $|a| = 2$，$|b| = \sqrt{2}$，且 $a \cdot b = 2$，求 $|a \times b|$.

解　由于 $a \cdot b = |a||b|\cos(a\overset{\wedge}{,}b) = 2\sqrt{2}\cos(a\overset{\wedge}{,}b) = 2,$

可得：$\cos(a\overset{\wedge}{,}b) = \frac{1}{\sqrt{2}}$，则 $\sin(a\overset{\wedge}{,}b) = \frac{\sqrt{2}}{2}$，因此

$$|a \times b| = |a||b|\sin(a\overset{\wedge}{,}b)$$

$$= 2\sqrt{2}\sin(a\overset{\wedge}{,}b)$$

$$= 2\sqrt{2} \times \frac{\sqrt{2}}{2}$$

$$= 2.$$

◇**练习题 7-1**

1. 求同时垂直于 $a = (2, -2, 3)$，$b = (1, 0, -2)$ 的单位向量 c^0.

2. 设向量 $a = mi + j - 2k$ 与 $b = 2i - 4j + k$ 垂直，求 m 的值.

3.设向量 $a=2m+4n$,$b=m-n$,且 m,n 均为单位向量,m,n 的交角为120°,求向量 a 与 b 间的夹角.

【练习题 7-1 答案】

1. $c^0=\pm\dfrac{\sqrt{69}}{69}(4,7,2)$

2. $m=3$

3. $(a\overset{\wedge}{,}b)=120°\left(\text{提示}:\cos(a\overset{\wedge}{,}b)=\dfrac{a\cdot b}{|a|\cdot|b|}=-\dfrac{1}{2}.\right)$

2. 平面与直线

例 7-5 已知两条直线方程为

$$L_1:\frac{x-1}{1}=\frac{y-2}{0}=\frac{z-3}{-1},$$

$$L_2:\frac{x+2}{2}=\frac{y-1}{1}=\frac{z}{1},$$

求过 L_1 且平行于 L_2 的平面方程.

解 设过 L_1 的平面为 $\varPi$,因为该平面过点$(1,2,3)$,且法向量为 n,由已知条件有 $n\perp s_1$,$n\perp s_2$,可取

$$n=s_1\times s_2=\begin{vmatrix}i&j&k\\1&0&-1\\2&1&1\end{vmatrix}=(1,-3,1),$$

于是所求的平面方程为

$$(x-1)-3(y-2)+(z-3)=0,$$

即 $x-3y+z+2=0.$

※例 7-6 求过点 $A(-3,0,1)$ 且平行于平面 $\varPi_1:3x-4y-z+5=0$,又与直线 $L_1:\dfrac{x}{2}=\dfrac{y-1}{1}=\dfrac{z+1}{-1}$ 相交的直线方程.

解 设所求直线为 L,过直线 L 作一个平面 $\varPi_2$ 平行于平面 $\varPi_1$,因此平面 $\varPi_2$ 的方程为

$$3(x+3)-4(y-0)-(z-1)=0,$$

即 $3x-4y-z+10=0.$

又过点 A 与直线 L_1 作平面 $\varPi_3$,$B(0,1,-1)$ 是直线上的一点,则平面 $\varPi_3$ 的法向量为

$$s_1 \times \overrightarrow{AB} = \begin{vmatrix} \boldsymbol{i} & \boldsymbol{j} & \boldsymbol{k} \\ 2 & 1 & -1 \\ 3 & 1 & -2 \end{vmatrix} = -\boldsymbol{i} + \boldsymbol{j} - \boldsymbol{k},$$

因此平面 $\varPi_3$ 的方程为

$$-(x+3) + (y-0) - (z-1) = 0,$$

即
$$x - y + z + 2 = 0,$$

显然直线 L 在平面 $\varPi_3$ 上,于是所求直线方程为

$$\begin{cases} 3x - 4y - z + 10 = 0 \\ x - y + z + 2 = 0 \end{cases}.$$

◇**练习题 7-2**

1.已知直线 $L: \begin{cases} x + y + z + 1 = 0 \\ 2x - y + 3z + 4 = 0 \end{cases}$,平面 $\varPi : 3x - y + 2z - 6 = 0$,求:

(1)直线 L 与平面 $\varPi$ 交点的坐标;

(2)通过直线 L,且与平面 $\varPi$ 垂直的平面方程;

(3)直线 L 在平面 $\varPi$ 上的投影直线方程;

(4)分别求点 $O(0,0,0)$ 到直线 L 与平面 $\varPi$ 的距离.

※2.已知点 $A(1,0,0)$ 与 $B(1,1,1)$,求直线 AB 绕 z 轴旋转一周所成的旋转曲面 S 的方程.

【**练习题 7-2 答案**】

1.(1)$(5,-1,-5)$ (2)$5x + 17y + z - 3 = 0$ (3)$\begin{cases} 5x + 17y + z - 3 = 0 \\ 3x - y + 2z - 6 = 0 \end{cases}$

(4)$\dfrac{\sqrt{195}}{13}, \dfrac{3\sqrt{14}}{7}$

2.$x^2 + y^2 - z^2 = 1$

3. 曲面方程及空间曲线

例 7-7 求曲线 $\begin{cases} x^2+y^2-2x=0 \\ z=0 \end{cases}$ 绕 x 轴旋转一周而成的旋转曲面方程.

解 根据旋转曲面的特点,所形成的旋转曲面方程是 $x^2+(\pm\sqrt{y^2+z^2})^2-2x=0$,

即 $$x^2+y^2+z^2-2x=0,$$

亦即 $$(x-1)^2+y^2+z^2=1,$$

这是以点 $(1,0,0)$ 为圆心,以 $r=1$ 为半径的球面.

例 7-8 设曲面 $z=6-x^2-y^2$ 与 $z=\sqrt{x^2+y^2}$ 围成一个空间区域,求该空间区域在 xOy 坐标面上的投影区域.

解 两曲面的交线 Γ 为 $\begin{cases} z=6-x^2-y^2 \\ z=\sqrt{x^2+y^2} \end{cases}$,

消去 z 得: $$6-x^2-y^2=\sqrt{x^2+y^2},$$

即 $$(\sqrt{x^2+y^2})^2+\sqrt{x^2+y^2}-6=0,$$

分解得: $$(\sqrt{x^2+y^2}-2)(\sqrt{x^2+y^2}+3)=0,$$

即 $$\sqrt{x^2+y^2}-2=0,$$

可得曲线 Γ 在 xOy 坐标面上的投影柱面为 $x^2+y^2=4$,投影曲线为 $\begin{cases} x^2+y^2=4 \\ z=0 \end{cases}$,

故空间区域在 xOy 坐标面上的投影区域为 $\begin{cases} x^2+y^2\leqslant 4 \\ z=0 \end{cases}$.

◇**练习题 7-3**

1.画出下列曲面所围成的立体的图形.

(1) $x+\dfrac{y}{3}+\dfrac{z}{2}=1$ 与三个坐标平面;

(2) $z=x^2+y^2$, $z=\sqrt{1-x^2-y^2}$;

(3) $x^2+y^2=2-z$, $z=0$.

2.求锥面 $z=\sqrt{x^2+y^2}$ 与柱面 $z^2=2x$ 所围成的立体在 xOy 面上的投影区域.

【**练习题 7-3 解答**】

1.略. 2. $z=0$, $(x-1)^2+y^2\leqslant 1$

三、练习题

(一)单项选择题

1. 下列叙述中正确的是(　　　).

A. 因为 a,b 是单位向量,所以必有 $a=b$　　B. $3i>j$

C. 若 $a \cdot b=a \cdot c$,则必有 $b=c$　　　　　D. 若 $|a-b|=|a+b|$,则 $a \perp b$

2. 设 α,β,γ 是一个向量的方向角,则有(　　　).

A. $\alpha+\beta+\gamma=\pi$　　　　　　　　　B. $\sin^2\alpha+\sin^2\beta+\sin^2\gamma=2$

C. $\alpha+\beta+\gamma=2\pi$　　　　　　　　D. α,β,γ 可以任意选取

3. 已知 $|a|=1,|b|=5$,且 $a \cdot b=-3$,则 $|a \times b|=$(　　　).

A. 4　　　　　　　B. 3　　　　　　　C. 5　　　　　　　D. -4

4. 设直线 $L_1: \dfrac{x-1}{1}=\dfrac{y-5}{-2}=\dfrac{z+8}{1}$ 与直线 $L_2:\begin{cases} x-y=6 \\ 2y+z=3 \end{cases}$,则 L_1 与 L_2 的夹角是(　　　).

A. $\dfrac{\pi}{6}$　　　　　　B. $\dfrac{\pi}{4}$　　　　　　C. $\dfrac{\pi}{3}$　　　　　　D. $\dfrac{\pi}{2}$

5. 直线 $\dfrac{x}{0}=\dfrac{y}{1}=\dfrac{z}{2}$ 必(　　　).

A. 过原点垂直 x 轴　　　　　　　B. 过原点垂直 y 轴

C. 过原点垂直 z 轴　　　　　　　D. 过原点且通过 x 轴

6. 平面方程 $Ax+By+Cz+D=0$,若 $A=D=0$,则平面(　　　).

A. 平行 y 轴　　　B. 垂直 y 轴　　　C. 垂直 z 轴　　　D. 通过 x 轴

7. 直线 $L: \dfrac{x+3}{2}=\dfrac{y+4}{1}=\dfrac{z}{3}$ 与平面 $\varPi:4x-2y-2z=3$ 的关系是(　　　).

A. 相互平行　　　　　　　　　　B. L 在平面 $\varPi$ 上

C. 垂直相交　　　　　　　　　　D. 相交但不垂直

8. 曲线 $\varGamma:\begin{cases} f(y,z)=0 \\ x=0 \end{cases}$ 绕 z 轴旋转而得的旋转曲面的方程是(　　　).

A. $f(\pm\sqrt{x^2+y^2},z)=0$　　　　　B. $f(\pm\sqrt{y^2+z^2},x)=0$

C. $f(\pm\sqrt{x^2+y^2},y)=0$　　　　　D. $f(y,\pm\sqrt{z^2+x^2})=0$

9. 空间曲线 $\varGamma:\begin{cases} x^2+y^2+z^2=R^2 \\ z=\sqrt{x^2+y^2} \end{cases}$ 在 xOy 面上的投影曲线的方程是(　　　).

A. $\begin{cases} x^2+y^2=\dfrac{R^2}{2} \\ z=\sqrt{x^2+y^2} \end{cases}$　　　　　　　B. $\begin{cases} x^2+y^2=\dfrac{R^2}{2} \\ z=\dfrac{R}{\sqrt{2}} \end{cases}$

C. $\begin{cases} x^2+y^2=\dfrac{R^2}{2} \\ z=0 \end{cases}$　　　　　　　　　D. $\begin{cases} x^2+y^2+z^2=R^2 \\ z=\dfrac{\sqrt{2}}{2}R \end{cases}$

10. 由柱面：$x^2+y^2=a^2(a>0)$ 和锥面：$z=\sqrt{x^2+y^2}$ 及平面 $z=0$ 围成的有界闭区域可表示为（　　　）.

A. $\begin{cases} x^2+y^2=a^2 \\ \sqrt{x^2+y^2}\leqslant z\leqslant 2a \end{cases}$　　　　　　　　B. $\begin{cases} x^2+y^2\leqslant a^2 \\ \sqrt{x^2+y^2}\leqslant z\leqslant 2a \end{cases}$

C. $\begin{cases} x^2+y^2\leqslant a^2 \\ 0\leqslant z\leqslant \sqrt{x^2+y^2} \end{cases}$　　　　　　　D. $\begin{cases} x^2+y^2\leqslant a^2 \\ \sqrt{x^2+y^2}\leqslant z\leqslant a \end{cases}$

（二）填空题

1. 已知点 P 的坐标 $x<0,y>0,z>0$，且到 x 轴，y 轴，z 轴的距离分别为 5，$3\sqrt{5}$，$2\sqrt{13}$，则点 P 的坐标是_____.

2. 已知向量 $\boldsymbol{a}=3\boldsymbol{i}-\boldsymbol{j}+2\boldsymbol{k}$ 的终点与点 $M(1,0,-1)$ 重合，则 $\boldsymbol{a}$ 的起点坐标为_____.

3. 已知向量 $\boldsymbol{a}=(4,m,1)$ 与 $\boldsymbol{b}=(2,3,n)$ 平行，则 $m=$_____，$n=$_____.

4. 同时垂直于 $\boldsymbol{a}=(1,1,1)$ 与 $\boldsymbol{b}=(0,1,1)$ 的单位向量是_____.

5. 设 $|\boldsymbol{a}-\boldsymbol{b}|=|\boldsymbol{a}+\boldsymbol{b}|$，且 $\boldsymbol{a}=(3,-5,8)$，$\boldsymbol{b}=(-1,1,x)$，则 $x=$_____.

6. 过点 $A(1,2,3)$ 且与平面 $x+2y+3z-6=0$ 垂直的直线方程是_____.

7. 直线 $\dfrac{x}{8}=\dfrac{y+1}{4}=\dfrac{z}{3}$ 的参数方程是_____，一般式方程是_____.

8. $x^2+y^2=2z$ 可看成是由 yOz 坐标面上曲线_____绕 z 轴旋转而成的旋转面，该曲面称为_____.

9. 空间曲线 $\Gamma:\begin{cases} \dfrac{x^2}{16}+\dfrac{y^2}{4}-\dfrac{z^2}{5}=1 \\ x-2z+3=0 \end{cases}$，在 xOy 面上投影曲线的方程是_____，投影柱面的方程是_____.

10. 点 $(2,1,0)$ 到平面 $3x+4y+5z=0$ 的距离 $d=$_____.

（三）计算题1

1. 设 $\boldsymbol{a}=2\boldsymbol{i}-\boldsymbol{j}-2\boldsymbol{k},\boldsymbol{b}=6\boldsymbol{i}-3\boldsymbol{j}+2\boldsymbol{k}$，试求：

(1) $\boldsymbol{a}\cdot\boldsymbol{b}$；

(2) $\boldsymbol{a}\times\boldsymbol{b}$；

(3) $(2\boldsymbol{a}+\boldsymbol{b})\cdot(\boldsymbol{a}-\boldsymbol{b})$；

(4) $(2\boldsymbol{a}-\boldsymbol{b})\times(\boldsymbol{a}+3\boldsymbol{b})$.

2.已知三点 $A(1,0,-1),B(1,-2,0),C(-1,2,-1)$,试求:

(1) $|\overrightarrow{AB}\times\overrightarrow{AC}|$;

(2)以三点为顶点的三角形面积;

(3) $\sin(\overrightarrow{AB},\overrightarrow{AC})$.

(四)计算题 2

1.求点 $M(2,3,0)$ 到直线 $\dfrac{x+2}{3}=\dfrac{y-2}{2}=\dfrac{z}{-1}$ 的距离.

2.求过点 $M_1(2,-1,3)$ 和 $M_2(3,1,2)$,且垂直于平面 $3x-y+4z+2=0$ 的平面方程.

3.已知向量 $|\overrightarrow{OM_0}|=p,\overrightarrow{OM_0}$ 的方向角分别为 α,β,γ,求过点 $M_0(x_0,y_0,z_0)$ 且垂直于 $\overrightarrow{OM_0}$ 的平面方程.

4.已知直线 $L_1:1-x=\dfrac{y+1}{2}=\dfrac{z-2}{3}$ 和 $L_2:\begin{cases}2x+y-1=0\\3x+z-2=0\end{cases}$,试证明: $L_1\ /\!/\ L_2$,并求出由 L_1 和 L_2 所确定的平面方程.

5.求在平面 $\Pi:x+y+z=1$ 上且与直线 $L:\begin{cases}y=1\\z=-1\end{cases}$ 垂直相交的直线方程.

6.求过点 $(-1,2,3)$,垂直于直线 $\dfrac{x}{4}=\dfrac{y}{5}=\dfrac{z}{6}$ 且平行于平面 $7x+8y+9z+10=0$ 的直线方程.

7.设空间曲线一般方程 $\Gamma:\begin{cases}x^2+y^2+z^2=9\\y=z\end{cases}$,求其参数方程.

(五)下列方程各表示怎样的曲面

1. $z=x^2+y^2$.

2. $4-z=x^2+y^2$.

3. $z=\sqrt{x^2+y^2}$.

4. $x^2+y^2+z^2=2z$.

5. $9x^2+4y^2+36z^2=36$.

6. $y^2+z^2=9$.

7. $z=x^2$.

【练习题答案】

(一) 1. D　2. B　3. A　4. C　5. A　6. D　7. A　8. A　9. C　10. C

(二) 1. $(-6,4,3)$　2. $(-2,1,-3)$　3. 6　$\dfrac{1}{2}$

4. $\pm\dfrac{\sqrt{2}}{2}(0,-1,1)$　5. 1　6. $\dfrac{x-1}{1}=\dfrac{y-2}{2}=\dfrac{z-3}{3}$

7. $\begin{cases} x=8t \\ y=4t-1 \\ z=3t \end{cases}$　$\begin{cases} 3x-8z=0 \\ 3y-4z+3=0 \end{cases}$　8. $y^2=2z$,旋转抛物面

9. $\begin{cases} x^2+20y^2-24x-116=0 \\ z=0 \end{cases}$, $x^2+20y^2-24x-116=0$　10. $\sqrt{2}$

(三) 1. (1) 11　(2) $-8\boldsymbol{i}-16\boldsymbol{j}$　(3) -42　(4) $-56(\boldsymbol{i}+2\boldsymbol{j})$

2. (1) $|\overrightarrow{AB}\times\overrightarrow{AC}|=2\sqrt{6}$　(2) $S_{\triangle ABC}=\sqrt{6}$

(3) $\sin(\overrightarrow{AB},\overrightarrow{AC})=\dfrac{|\overrightarrow{AB}\times\overrightarrow{AC}|}{|\overrightarrow{AB}|\,|\overrightarrow{AC}|}=\dfrac{\sqrt{15}}{5}$

(四) 1. $\sqrt{3}$　2. $x-y-z=0$

3. $\boldsymbol{n}=(\cos\alpha,\cos\beta,\cos\gamma)$, $x\cos\alpha+y\cos\beta+z\cos\gamma-\sqrt{x_0^2+y_0^2+z_0^2}=0$

4. $2x+y-1=0$

5. $\dfrac{x-1}{0}=\dfrac{y-1}{1}=\dfrac{z+1}{-1}$ 或 $\begin{cases} x-1=0 \\ x+y+z=1 \end{cases}$（提示:与 L 垂直的平面为 $x=x_0$）

6. $\dfrac{x+1}{1}=\dfrac{y-2}{-2}=\dfrac{z-3}{1}$

7. $x=\dfrac{3\sqrt{2}}{2}\cos t, y=\dfrac{3\sqrt{2}}{2}\cos t, z=3\sin t(0\leqslant t\leqslant 2\pi)$

(五) 1. $z=x^2+y^2$ 表示顶点在原点,开口向上的旋转抛物面.

2. $4-z=x^2+y^2$ 表示顶点在 z 轴 $(0,0,4)$ 处,开口向下的旋转抛物面.

3. $z=\sqrt{x^2+y^2}$ 表示顶点在原点,开口向上的圆锥面.

4. $x^2+y^2+z^2=2z$ 表示球心在 $(0,0,1)$,半径为 1 的球面.

5. $9x^2+4y^2+36z^2=36$ 表示椭球面.

6. $y^2+z^2=9$ 表示母线平行于 x 轴的圆柱面.

7. $z=x^2$ 表示母线平行于 y 轴的抛物柱面.

第八章

多元函数微分法及其应用

一、内容摘要

(一)主要概念(以二元函数为主)

1. 多元函数极限的定义

对于任意给定 $\varepsilon > 0$,若存在 $\delta > 0$,对于满足 $0 < \sqrt{(x-x_0)^2 + (y-y_0)^2} < \delta$ 的一切点 (x, y),都有 $|f(x,y) - A| < \varepsilon$ 成立,则称常数 A 为函数 $f(x,y)$ 当 $x \to x_0$, $y \to y_0$ 时的极限,记作

$$\lim_{(x,y) \to (x_0,y_0)} f(x,y) = A.$$

注:二元函数的极限是平面上点 (x,y) 以任意方向、任意方式趋向于 (x_0, y_0).

2. 多元函数连续的定义

设函数 $z = f(x,y)$ 在区域 D 内有定义,且 $(x_0, y_0) \in D$,若

$$\lim_{(x,y) \to (x_0,y_0)} f(x,y) = f(x_0,y_0),$$

则称函数 $f(x,y)$ 在点 (x_0, y_0) 处连续.

3. 偏导数的定义

设函数 $z = f(x,y)$ 在点 (x,y) 的某一邻域内有定义,函数关于 x, y 的偏导数分别为

$$\frac{\partial z}{\partial x} = \lim_{\Delta x \to 0} \frac{f(x+\Delta x, y) - f(x,y)}{\Delta x},$$

$$\frac{\partial z}{\partial y} = \lim_{\Delta y \to 0} \frac{f(x, y+\Delta y) - f(x,y)}{\Delta y}.$$

注:分段函数在分段点的偏导数用偏导数定义计算.

4. 全微分的定义

设函数 $z = f(x,y)$ 在点 (x,y) 的某一邻域内有定义,若 $\Delta z = A\Delta x + B\Delta y +$

$o(\rho)$,其中 $\rho=\sqrt{(\Delta x)^2+(\Delta y)^2}$,则称函数 $z=f(x,y)$ 在点 (x,y) 处可微分,而 $A\Delta x+B\Delta y$ 称为函数 $z=f(x,y)$ 在点 (x,y) 的全微分,记作 $\mathrm{d}z$,即

$$\mathrm{d}z=A\Delta x+B\Delta y=\frac{\partial z}{\partial x}\mathrm{d}x+\frac{\partial z}{\partial y}\mathrm{d}y.$$

注:函数 $z=f(x,y)$ 在点 (x,y) 处可微分,那么偏导数 $\frac{\partial z}{\partial x},\frac{\partial z}{\partial y}$ 必存在,且 $A=\frac{\partial z}{\partial x},B=\frac{\partial z}{\partial y}$.

※5. 方向导数的定义

设 xOy 平面上以 (x_0,y_0) 为始点的一条射线 l,与 l 同方向的单位向量 $\boldsymbol{e}_l=(\cos\alpha,\cos\beta)$,射线 l 的参数方程为

$$\begin{cases} x=x_0+t\cos\alpha \\ y=y_0+t\cos\beta \end{cases},$$

函数 $z=f(x,y)$ 沿射线 l 的方向导数为

$$\frac{\partial f}{\partial l}\bigg|_{(x_0,y_0)}=f'_l(x_0,y_0)=\lim_{t\to0^+}\frac{f(x_0+t\cos\alpha,y_0+t\cos\beta)-f(x_0,y_0)}{t}.$$

※6. 梯度的定义

函数 $z=f(x,y)$ 在点 (x,y) 处的梯度为

$$\mathrm{grad}f(x,y)=\frac{\partial f}{\partial x}\boldsymbol{i}+\frac{\partial f}{\partial y}\boldsymbol{j}.$$

7. 极值的定义

设函数 $z=f(x,y)$ 在 $P_0(x_0,y_0)$ 的某去心邻域 $\mathring{U}(P_0)$ 内有定义,若对 $\forall(x,y)\in\mathring{U}(P_0)$,都有 $f(x,y)<f(x_0,y_0)$ 或 $f(x,y)>f(x_0,y_0)$,则称 (x_0,y_0) 是函数 $z=f(x,y)$ 的极大值点或极小值点,对应的函数值 $f(x_0,y_0)$ 是函数 $z=f(x,y)$ 的极大值或极小值.

(二)主要理论

1. 定理 1(混合偏导数与次序无关)

若函数 $z=f(x,y)$ 的两个混合偏导数 $\frac{\partial^2 z}{\partial x\partial y},\frac{\partial^2 z}{\partial y\partial x}$ 在区域 D 内连续,则

$$\frac{\partial^2 z}{\partial x\partial y}=\frac{\partial^2 z}{\partial y\partial x}.$$

2. 定理 2(可微分的必要条件)

若函数 $z=f(x,y)$ 在点 (x,y) 处可微,则在该点处 $\frac{\partial z}{\partial x},\frac{\partial z}{\partial y}$ 存在,且

$$\mathrm{d}z=\frac{\partial z}{\partial x}\mathrm{d}x+\frac{\partial z}{\partial y}\mathrm{d}y.$$

3.定理 3(可微分的充分条件)

若函数 $z=f(x,y)$ 的偏导数 $\dfrac{\partial z}{\partial x}$,$\dfrac{\partial z}{\partial y}$ 在点 (x,y) 某邻域内存在且连续,则 $z=f(x,y)$ 在点 (x,y) 处可微分.

4.二元函数连续、偏导数存在、可微分与偏导数连续的关系

$$
\begin{array}{ccc}
\text{函数连续} & \not\rightleftarrows & \text{偏导数存在} \\
\uparrow\downarrow & \nearrow\!\!\!\!\diagup & \uparrow\downarrow \\
\text{全微分存在} & \rightleftarrows & \text{偏导数连续}
\end{array}
$$

5.定理 4(多元函数取得极值的必要条件)

设函数 $z=f(x,y)$ 在点 (x_0,y_0) 的一阶偏导数存在,且 (x_0,y_0) 是 $f(x,y)$ 的极值点,则必有

$$f'_x(x_0,y_0)=0,$$
$$f'_y(x_0,y_0)=0.$$

6.定理 5(多元函数取得极值的充分条件)

设函数 $z=f(x,y)$ 在点 (x_0,y_0) 的某一邻域内有连续的二阶偏导数,且

$$f'_x(x_0,y_0)=0,$$
$$f'_y(x_0,y_0)=0,$$

若 $[f''_{xy}(x_0,y_0)]^2-f''_{xx}(x_0,y_0)f''_{yy}(x_0,y_0)<0(>0)$,则点 (x_0,y_0) 是函数 $f(x,y)$ 的极值点(或不是极值点).

(1)当 $f''_{xx}(x_0,y_0)>0$ 时,(x_0,y_0) 为极小值点,且极小值是 $f(x_0,y_0)$.

(2)当 $f''_{xx}(x_0,y_0)<0$ 时,(x_0,y_0) 为极大值点,且极大值是 $f(x_0,y_0)$.

(三)主要公式

1.全导数公式

设函数 $z=f(u,v)$ 偏导数连续,而 $u=\varphi(t),v=\psi(t)$ 导数连续,则 $z=f(\varphi(t),\psi(t))$ 的全导数为

$$\frac{\mathrm{d}z}{\mathrm{d}t}=\frac{\partial f}{\partial u}\cdot\frac{\mathrm{d}u}{\mathrm{d}t}+\frac{\partial f}{\partial v}\cdot\frac{\mathrm{d}v}{\mathrm{d}t}.$$

2.显函数 $u=f(x,y,z)$ 的偏导数

(1)求 u 对 x 的偏导数 $\dfrac{\partial u}{\partial x}$ 时,将 y,z 视作常数,利用一元函数求导公式及法则求之.

(2)求 u 对 y 的偏导数 $\dfrac{\partial u}{\partial y}$ 时,将 x,z 视作常数,利用一元函数求导公式及法则求之.

(3)求 u 对 z 的偏导数 $\dfrac{\partial u}{\partial z}$ 时,将 x,y 视作常数,利用一元函数求导公式及法则求之.

3.复合函数的偏导数

设 $z=f(u,v),u=\varphi(x,y),v=\psi(x,y)$ 的偏导数连续,则 $z=f(\varphi(x,y),$

$\psi(x,y)$)的偏导数为

$$\frac{\partial z}{\partial x}=\frac{\partial z}{\partial u}\cdot\frac{\partial u}{\partial x}+\frac{\partial z}{\partial v}\cdot\frac{\partial v}{\partial x},$$

$$\frac{\partial z}{\partial y}=\frac{\partial z}{\partial u}\cdot\frac{\partial u}{\partial y}+\frac{\partial z}{\partial v}\cdot\frac{\partial v}{\partial y}.$$

4. 隐函数的偏导数

(1)由方程 $F(x,y)=0$ 确定的隐函数 $y=y(x)$ 的导数公式为

$$\frac{\mathrm{d}y}{\mathrm{d}x}=-\frac{F'_x(x,y)}{F'_y(x,y)}\big[F'_y(x,y)\neq 0\big].$$

(2)由方程 $F(x,y,z)=0$ 确定的隐函数 $z=z(x,y)$ 的偏导数公式为

$$\frac{\partial z}{\partial x}=-\frac{F_x(x,y)}{F_z(x,y)}\big[F_z(x,y)\neq 0\big],$$

$$\frac{\partial z}{\partial y}=-\frac{F_y(x,y)}{F_z(x,y)}\big[F_z(x,y)\neq 0\big].$$

注:也可以采用复合函数的偏导数求解.

※(3)由方程组 $\begin{cases}F(x,y,z)=0\\G(x,y,z)=0\end{cases}$ 确定的隐函数 $y=y(x),z=z(x)$,则导数

$$\frac{\mathrm{d}y}{\mathrm{d}x}=-\frac{\dfrac{\partial(F,G)}{\partial(x,z)}}{\dfrac{\partial(F,G)}{\partial(y,z)}},$$

$$\frac{\mathrm{d}z}{\mathrm{d}x}=-\frac{\dfrac{\partial(F,G)}{\partial(y,x)}}{\dfrac{\partial(F,G)}{\partial(y,z)}},$$

其中 $\dfrac{\partial(F,G)}{\partial(y,z)}=\begin{vmatrix}\dfrac{\partial F}{\partial y} & \dfrac{\partial F}{\partial z}\\[2mm]\dfrac{\partial G}{\partial y} & \dfrac{\partial G}{\partial z}\end{vmatrix}.$

注:也可以采用复合函数的偏导数求解,解线性方程组 $\begin{cases}F_y\dfrac{\mathrm{d}y}{\mathrm{d}x}+F_z\dfrac{\mathrm{d}z}{\mathrm{d}x}=-F_x\\[2mm]G_y\dfrac{\mathrm{d}y}{\mathrm{d}x}+G_z\dfrac{\mathrm{d}z}{\mathrm{d}x}=-G_x\end{cases}.$

※(4)由方程组 $\begin{cases}F(x,y,u,v)=0\\G(x,y,u,v)=0\end{cases}$ 确定的隐函数 $u=u(x,y),v=v(x,y)$,则偏导数

$$\frac{\partial u}{\partial x}=-\frac{\dfrac{\partial(F,G)}{\partial(x,v)}}{\dfrac{\partial(F,G)}{\partial(u,v)}},$$

$$\frac{\partial u}{\partial y}=-\frac{\dfrac{\partial(F,G)}{\partial(y,v)}}{\dfrac{\partial(F,G)}{\partial(u,v)}},$$

$$\frac{\partial v}{\partial x} = -\frac{\dfrac{\partial(F,G)}{\partial(u,x)}}{\dfrac{\partial(F,G)}{\partial(u,v)}},$$

$$\frac{\partial v}{\partial y} = -\frac{\dfrac{\partial(F,G)}{\partial(u,y)}}{\dfrac{\partial(F,G)}{\partial(u,v)}}.$$

采用复合函数的偏导数求解，解方程组

$$\begin{cases} F_u \dfrac{\partial u}{\partial x} + F_v \dfrac{\partial v}{\partial x} = -F_x \\ G_u \dfrac{\partial u}{\partial x} + G_v \dfrac{\partial v}{\partial x} = -G_x \end{cases} \text{和} \begin{cases} F_u \dfrac{\partial u}{\partial y} + F_v \dfrac{\partial v}{\partial y} = -F_y \\ G_u \dfrac{\partial u}{\partial y} + G_v \dfrac{\partial v}{\partial y} = -G_y \end{cases}.$$

5. 空间曲线在某点处的切线方程和法平面方程

（1）设空间曲线的参数方程为

$$\begin{cases} x = x(t), \\ y = y(t), \\ z = z(t), \end{cases}$$

在 $t = t_0$ 对应的曲线上的点 $P_0(x_0, y_0, z_0)$ 处的切线方程为

$\dfrac{x-x_0}{x'(t_0)} = \dfrac{y-y_0}{y'(t_0)} = \dfrac{z-z_0}{z'(t_0)}$，其中切向量 $\boldsymbol{T} = (x'(t_0), y'(t_0), z'(t_0))$；

法平面方程为 $x'(t_0)(x-x_0) + y'(t_0)(y-y_0) + z'(t_0)(z-z_0) = 0.$

（2）设空间曲线方程为

$$\begin{cases} y = \varphi(x), \\ z = \psi(x), \end{cases}$$

在 $x = x_0$ 对应的曲线上的点 $P_0(x_0, y_0, z_0)$ 处的切线方程为

$\dfrac{x-x_0}{1} = \dfrac{y-y_0}{\varphi'(x_0)} = \dfrac{z-z_0}{\psi'(x_0)}$，其中切向量 $\boldsymbol{T} = (1, \varphi'(x_0), \psi'(x_0))$；

法平面方程为 $(x-x_0) + \varphi'(x_0)(y-y_0) + \psi'(x_0)(z-z_0) = 0.$

※（3）设空间曲线 Γ 方程为

$$\begin{cases} F(x,y,z) = 0, \\ G(x,y,z) = 0, \end{cases}$$

那么该曲线在点 $P(x_0, y_0, z_0)$ 处的切线方程为

$\dfrac{x-x_0}{1} = \dfrac{y-y_0}{\left.\dfrac{\mathrm{d}y}{\mathrm{d}x}\right|_P} = \dfrac{z-z_0}{\left.\dfrac{\mathrm{d}z}{\mathrm{d}x}\right|_P}$，其中切向量 $\boldsymbol{T} = \left(1, \left.\dfrac{\mathrm{d}y}{\mathrm{d}x}\right|_P, \left.\dfrac{\mathrm{d}z}{\mathrm{d}x}\right|_P\right)$；

法平面方程为 $(x-x_0) + \left.\dfrac{\mathrm{d}y}{\mathrm{d}x}\right|_P (y-y_0) + \left.\dfrac{\mathrm{d}z}{\mathrm{d}x}\right|_P (z-z_0) = 0.$

6. 空间曲面在某点处的切平面方程及法线方程

设曲面 Σ 的方程为 $F(x,y,z)=0$，那么在该曲面上一点 $M(x_0,y_0,z_0)$ 处的切平面方程为 $F_x|_M(x-x_0)+F_y|_M(y-y_0)+F_z|_M(z-z_0)=0$，其中法向量 $\boldsymbol{n}=(F_x|_M,F_y|_M,F_z|_M)$；法线方程为 $\dfrac{x-x_0}{F_x|_M}=\dfrac{y-y_0}{F_y|_M}=\dfrac{z-z_0}{F_z|_M}$.

※7. 方向导数的计算

若函数 $z=f(x,y)$ 在点 $P(x,y)$ 处可微，则函数在点 P 方向的导数为

$$\frac{\partial z}{\partial l}\Big|_P=\left(\frac{\partial z}{\partial x}\cos\alpha+\frac{\partial z}{\partial y}\cos\beta\right)\Big|_P,$$

其中 α,β 为方向 l 的方向角.

※8. 梯度的计算

设函数 $z=f(x,y)$ 具有连续的偏导数，则梯度 $\operatorname{grad}f=\dfrac{\partial f}{\partial x}\boldsymbol{i}+\dfrac{\partial f}{\partial y}\boldsymbol{j}$ 是一个向量，

因此梯度的模为 $|\operatorname{grad}f|=\sqrt{\left(\dfrac{\partial f}{\partial x}\right)^2+\left(\dfrac{\partial f}{\partial y}\right)^2}$，梯度的方向角 $\theta=\arctan\dfrac{\dfrac{\partial f}{\partial y}}{\dfrac{\partial f}{\partial x}}$，沿梯度

方向的方向导数最大，且最大方向导数为

$$\max\left(\frac{\partial f}{\partial l}\right)=|\operatorname{grad}f|.$$

（四）多元函数极值与最值的求解

1. 无条件极值的求解（函数中的自变量只受定义域约束的极值问题）

（1）求出驻点，即求方程组 $\begin{cases} f_x(x,y)=0 \\ f_y(x,y)=0 \end{cases}$ 的实根.

（2）利用极值的充分条件定理判别驻点是否为极值点.

2. 条件极值的求解（函数中自变量除了受定义域约束以外，还受其他条件限制的极值问题）

（1）化为无条件极值问题求解.

（2）利用拉格朗日乘数法求条件极值. 如求函数 $z=f(x,y)$ 在条件 $\varphi(x,y)=0$ 下的极值：

①构造拉格朗日函数 $F(x,y)=f(x,y)+\lambda\varphi(x,y)$.

②求函数 $F(x,y)$ 对 x,y 的偏导数，并使之为零，解方程组

$$\begin{cases} f_x(x,y)+\lambda\varphi_x(x,y)=0 \\ f_y(x,y)+\lambda\varphi_y(x,y)=0, \\ \varphi(x,y)=0 \end{cases}$$

得 x,y,λ，其中 (x,y) 就是函数 $z=f(x,y)$ 在条件 $\varphi(x,y)=0$ 下的可能极值点.

③在实际问题中往往可根据实际问题本身的性质来判定.

3. 最值的求解

(1)若函数 $z=f(x,y)$ 在闭区域 D 上连续,求出 $f(x,y)$ 在区域 D 内可疑的极值点处的函数值,再求出函数 $f(x,y)$ 在 D 的边界上的最值(这实际上是一元函数的最值问题),两者进行比较,最大(小)者为最大(小)值.

(2)若在开区域 D 内函数 $z=f(x,y)$ 有唯一极值,则一定就是函数 $z=f(x,y)$ 的最值.

(3)实际问题的最值求法,首先根据题中条件列出函数式和条件函数式,求出函数的驻点,再根据实际问题的特点,分析此驻点是否是所求的函数 $z=f(x,y)$ 的最值点.

二、典型例题与同步练习

1. 二元函数的极限、连续、偏导数与全微分之间的联系

例 8 - 1　设函数 $f(x,y)=\begin{cases}\dfrac{xy}{x^2+y^2}, & x^2+y^2\neq0 \\ 0, & x^2+y^2=0\end{cases}$,则

(1)证明函数 $f(x,y)$ 在点 $O(0,0)$ 处极限不存在;

(2)求函数 $f(x,y)$ 在点 $O(0,0)$ 处的偏导数;

(3)证明函数 $f(x,y)$ 在点 $O(0,0)$ 处不连续;

(4)证明函数 $f(x,y)$ 在点 $O(0,0)$ 处不可微.

解　(1)点 (x,y) 沿直线 $y=kx$ 趋于点 $(0,0)$ 时,原式 $=\lim\limits_{x\to0}\dfrac{kx^2}{x^2+k^2x^2}=\dfrac{k}{1+k^2}$,

它随 k 值的变化而变化,所以上述函数在点 $O(0,0)$ 处极限不存在.

(2)函数 $f(x,y)$ 对 x 的偏导数 $f'_x(0,0)=\lim\limits_{\Delta x\to0}\dfrac{f(\Delta x,0)-f(0,0)}{\Delta x}=\lim\limits_{\Delta x\to0}\dfrac{0}{\Delta x}=0$,

同理可得:$f'_y(0,0)=\lim\limits_{\Delta y\to0}\dfrac{f(0,\Delta y)-f(0,0)}{\Delta y}=\lim\limits_{\Delta y\to0}\dfrac{0}{\Delta y}=0$.

(3)因为函数 $f(x,y)$ 在点 $(0,0)$ 处极限不存在,所以这个函数在点 $O(0,0)$ 处不连续.

(4)因为函数 $f(x,y)$ 在点 $O(0,0)$ 处不连续,所以这个函数在点 $O(0,0)$ 处不可微.

例 8 - 2　证明极限 $\lim\limits_{(x,y)\to(0,0)}\dfrac{xy^2}{x^2+y^4}$ 不存在.

证明　当 (x,y) 沿直线 $x=ky$ 趋近于 $(0,0)$ 时,

$$原式=\lim\limits_{y\to0}\dfrac{ky^3}{k^2y^2+y^4}=\lim\limits_{y\to0}\dfrac{ky}{k^2+y^2}=0,$$

当(x,y)沿曲线$x=y^2$趋近于$(0,0)$时,原式$=\lim\limits_{y\to0}\dfrac{y^2y^2}{y^4+y^4}=\dfrac{1}{2}$,

故极限$\lim\limits_{(x,y)\to(0,0)}\dfrac{xy^2}{x^2+y^4}$不存在.

※例8-3　证明$f(x,y)=\begin{cases}\dfrac{x^2y}{x^2+y^2}, & x^2+y^2\neq0\\[2mm] 0, & x^2+y^2=0\end{cases}$在点$(0,0)$处连续且偏导

数存在,但不可微.

证明　(1)证明连续性.

因为$\qquad\lim\limits_{(x,y)\to(0,0)}f(x,y)=\lim\limits_{(x,y)\to(0,0)}\dfrac{xy}{x^2+y^2}\cdot x=0=f(0,0)$,

所以$f(x,y)$在点$(0,0)$处连续.

(2)证明偏导数存在.

$$f'_x(0,0)=\lim\limits_{\Delta x\to0}\frac{f(0+\Delta x,0)-f(0,0)}{\Delta x}=\lim\limits_{\Delta x\to0}\frac{\frac{(\Delta x)^2\cdot0}{(\Delta x)^2+0^2}-0}{\Delta x}=0,$$

同理,$\qquad f'_y(0,0)=\lim\limits_{\Delta y\to0}\dfrac{f(0,0+\Delta y)-f(0,0)}{\Delta y}=\lim\limits_{\Delta y\to0}\dfrac{\frac{0^2\cdot\Delta y}{0^2+(\Delta y)^2}-0}{\Delta y}=0,$

故函数$f(x,y)$在点$(0,0)$处偏导数存在且为0.

(3)证明不可微.

$$\Delta z-f'_x(0,0)\Delta x-f'_y(0,0)\Delta y=\frac{(\Delta x)^2\Delta y}{(\Delta x)^2+(\Delta y)^2},$$

则$\quad\lim\limits_{(\Delta x,\Delta y)\to(0,0)}\dfrac{\Delta z-f'_x(0,0)\Delta x-f'_y(0,0)\Delta y}{\rho}=\lim\limits_{(\Delta x,\Delta y)\to(0,0)}\dfrac{(\Delta x)^2\Delta y}{\left[(\Delta x)^2+(\Delta y)^2\right]^{\frac{3}{2}}}$,

当$(\Delta x,\Delta y)$沿着$\Delta y=k\Delta x$趋向于$(0,0)$时,

$$\lim\limits_{\substack{\Delta x\to0^+\\ \Delta y=k\Delta x}}\frac{(\Delta x)^2\Delta y}{\left[(\Delta x)^2+(\Delta y)^2\right]^{\frac{3}{2}}}=\lim\limits_{\Delta x\to0^+}\frac{k(\Delta x)^3}{\left[(1+k^2)(\Delta x)^2\right]^{\frac{3}{2}}}=\frac{k}{(1+k^2)^{\frac{3}{2}}},$$

随着k的变化而变化,

于是函数$f(x,y)$在点$(0,0)$处不可微.

2. 多元复合显函数求导问题

例8-4　设函数$u=\dfrac{x}{y}e^z$,求偏导数$\dfrac{\partial u}{\partial x},\dfrac{\partial u}{\partial y},\dfrac{\partial u}{\partial z}$.

解　$\dfrac{\partial u}{\partial x}=\dfrac{1}{y}e^z,\dfrac{\partial u}{\partial y}=-\dfrac{x}{y^2}e^z,\dfrac{\partial u}{\partial z}=\dfrac{x}{y}e^z$.

例8-5　设函数$z=f(u,x,y),u=xe^y$,其中f具有连续的二阶偏导数,求$\dfrac{\partial^2z}{\partial x\partial y}$.

解　$\dfrac{\partial z}{\partial x}=f'_x+f'_ue^y$,

$$\frac{\partial^2 z}{\partial x \partial y} = f''_{xy} + f''_{xu}\frac{\partial u}{\partial y} + e^y f_u + e^y \left[f''_{uy} + f''_{uu}\frac{\partial u}{\partial y} \right]$$

$$= f''_{xy} + x e^y f''_{xu} + e^y f''_{uy} + x e^{2y} f''_{uu} + e^y f'_u.$$

例 8-6　设函数 $z = \dfrac{y}{f(x^2 - y^2)}$，其中 $f(u)$ 可导，验证 $\dfrac{1}{x}\dfrac{\partial z}{\partial x} + \dfrac{1}{y}\dfrac{\partial z}{\partial y} = \dfrac{z}{y^2}$.

解　因为 $\dfrac{\partial z}{\partial x} = \dfrac{-yf' \cdot 2x}{f^2}, \dfrac{\partial z}{\partial y} = \dfrac{f - yf' \cdot (-2y)}{f^2} = \dfrac{f + 2y^2 f'}{f^2}$,

所以　$\dfrac{1}{x}\dfrac{\partial z}{\partial x} + \dfrac{1}{y}\dfrac{\partial z}{\partial y} = \dfrac{-2yf' + \dfrac{1}{y}f + 2yf'}{f^2} = \dfrac{1}{yf} = \dfrac{z}{y^2}$.

例 8-7　设函数 $z = f(2x - y) + g(x, xy)$，其中 $f(t)$ 二阶可导，$g(u, v)$ 具有二阶偏导数，求 $\dfrac{\partial^2 z}{\partial x^2}$.

解　因为 $\dfrac{\partial z}{\partial x} = 2f' + g'_1 + yg'_2$,

所以　$\dfrac{\partial^2 z}{\partial x^2} = 4f'' + g''_{11} + y(g''_{12} + g''_{21}) + y^2 g''_{22}$.

◇**练习题 8-1**

1.设函数 $z = x^y$，其中 $x > 0$，求 z 偏导数及全微分.

2.设函数 $z = f[x + \varphi(y)]$，其中 $f(u)$，$\varphi(y)$ 的二阶导数存在，求 $\dfrac{\partial^2 z}{\partial x^2}, \dfrac{\partial^2 z}{\partial y^2}$.

3.设函数 $z = f(x + y, xy)$，其中 f 具有二阶连续的偏导数，求 $\dfrac{\partial^2 z}{\partial x^2}, \dfrac{\partial^2 z}{\partial y^2}, \dfrac{\partial^2 z}{\partial x \partial y}$.

【**练习题 8-1 答案**】

1.$\dfrac{\partial z}{\partial x} = yx^{y-1}, \dfrac{\partial z}{\partial y} = x^y \ln x, dz = (yx^{y-1})dx + (x^y \ln x)dy$.

2.$\dfrac{\partial^2 z}{\partial x^2} = f''(u), \dfrac{\partial^2 z}{\partial y^2} = f''(u)[\varphi'(y)]^2 + f'(u)\varphi''(y)$.

3.$\dfrac{\partial^2 z}{\partial x^2} = f''_{11} + 2yf''_{12} + y^2 f''_{22}, \dfrac{\partial^2 z}{\partial x \partial y} = f''_{11} + (x + y)f''_{12} + xyf''_{22} + f'_2, \dfrac{\partial^2 z}{\partial y^2} = f''_{11} + 2xf''_{12} + x^2 f''_{22}$.

3. 隐函数的求导问题

例 8-8 设方程 $\dfrac{x}{z} = \ln\dfrac{z}{y}$ 确定了隐函数 $z = z(x, y)$，求其偏导数 $\dfrac{\partial z}{\partial x}, \dfrac{\partial z}{\partial y}$，$\dfrac{\partial^2 z}{\partial x \partial y}$.

解 方法 1（公式法）：

设函数 $F(x, y, z) = \dfrac{x}{z} - \ln\dfrac{z}{y}$，

因为　　　　　$F'_x = \dfrac{1}{z}, \quad F'_y = \dfrac{1}{y}, \quad F'_z = -\dfrac{x}{z^2} - \dfrac{1}{z} = -\dfrac{x+z}{z^2}$，

由公式，得　　$\dfrac{\partial z}{\partial x} = -\dfrac{F'_x}{F'_z} = -\dfrac{\dfrac{1}{z}}{-\dfrac{x+z}{z^2}} = \dfrac{z}{x+z}$，

$$\dfrac{\partial z}{\partial y} = -\dfrac{F'_y}{F'_z} = -\dfrac{\dfrac{1}{y}}{-\dfrac{x+z}{z^2}} = \dfrac{z^2}{(x+z)y}，$$

于是　　　　　$\dfrac{\partial^2 z}{\partial x \partial y} = \dfrac{\partial}{\partial y}\left(\dfrac{z}{x+z}\right)$

$$= \dfrac{\dfrac{\partial z}{\partial y}(x+z) - z\dfrac{\partial z}{\partial y}}{(x+z)^2}$$

$$= \dfrac{\dfrac{z^2}{y(x+z)}(x+z-z)}{(x+z)^2}$$

$$= \dfrac{xz^2}{y(x+z)^3}.$$

方法 2（复合函数求导法）：

方程 $\dfrac{x}{z} = \ln\dfrac{z}{y}$ 两边分别对 x, y 求偏导，

可得　　$\dfrac{z - x\dfrac{\partial z}{\partial x}}{z^2} = \dfrac{\dfrac{\partial z}{\partial x}}{z}$，

$$\dfrac{-x\dfrac{\partial z}{\partial y}}{z^2} = \dfrac{\dfrac{\partial z}{\partial y}}{z} - \dfrac{1}{y}，$$

解得　　　　　　　　　$\dfrac{\partial z}{\partial x} = \dfrac{z}{x+z}$，

$$\dfrac{\partial z}{\partial y} = \dfrac{z^2}{(x+z)y}.$$

例 8－9　设函数 $z=z(x,y)$ 由方程 $F(x+\dfrac{z}{y},y+\dfrac{z}{x})=0$ 所确定,试证明等式

$$x\frac{\partial z}{\partial x}+y\frac{\partial z}{\partial y}=z-xy.$$

证明　因为 $F'_x=F'_1-\dfrac{z}{x^2}F'_2,$

$$F'_y=-\frac{z}{y^2}F'_1+F'_2,$$

$$F'_z=\frac{1}{y}F'_1+\frac{1}{x}F'_2,$$

所以　　$x\dfrac{\partial z}{\partial x}=-x\dfrac{F'_x}{F'_z}=-\dfrac{x^2yF'_1-zyF'_2}{xF'_1+yF'_2},$

$$y\frac{\partial z}{\partial y}=-\frac{y^2F'_y}{yF'_z}=\frac{xzF'_1-xy^2F'_2}{xF'_1+yF'_2},$$

上面两式相加,即可得

$$x\frac{\partial z}{\partial x}+y\frac{\partial z}{\partial y}=z-xy.$$

◇**练习题 8-2**

1.设方程 $\mathrm{e}^z-xyz=0$ 确定隐函数 $z=f(x,y)$,求 $\dfrac{\partial z}{\partial x},\dfrac{\partial z}{\partial y},\dfrac{\partial^2 z}{\partial x\partial y}.$

2.设 $z=z(x,y)$ 是由方程 $F(x+z,y+z)=0$ 确定的隐函数,其中 F 为可微函数,求偏导数 $\dfrac{\partial z}{\partial x},\dfrac{\partial z}{\partial y}.$

【**练习题 8-2 答案**】

1.$\dfrac{\partial z}{\partial x}=\dfrac{z}{x(z-1)},\dfrac{\partial z}{\partial y}=\dfrac{z}{y(z-1)},\dfrac{\partial^2 z}{\partial x\partial y}=-\dfrac{z}{xy(z-1)^3}.$

2.$\dfrac{\partial z}{\partial x}=\dfrac{-F'_1}{F'_1+F'_2},\dfrac{\partial z}{\partial y}=\dfrac{-F'_2}{F'_1+F'_2}.$

※例 8 - 10 若函数 $z=F(u)$ 可微，又 $2u=\sin u+\int_1^{x+y}\varphi(t)\mathrm{d}t$，其中 φ 为连续函数，求 $\dfrac{\partial z}{\partial x}$.

解 因为 $\dfrac{\partial z}{\partial x}=F'(u)\dfrac{\partial u}{\partial x}$，方程 $2u=\sin u+\int_1^{x+y}\varphi(t)\mathrm{d}t$ 两边对 x 求偏导数，得

$$2\frac{\partial u}{\partial x}=\cos u\frac{\partial u}{\partial x}+\varphi(x+y),$$

所以

$$\frac{\partial u}{\partial x}=\frac{\varphi(x+y)}{2-\cos u},$$

将其代入，于是得

$$\frac{\partial z}{\partial x}=F'(u)\frac{\varphi(x+y)}{2-\cos u}(2-\cos u\neq 0).$$

例 8 - 11 设 $z=z(x,y)$ 是由方程 $z=f(xy,\mathrm{e}^z)$ 确定的隐函数，求偏导数 $\dfrac{\partial z}{\partial x},\dfrac{\partial z}{\partial y}$.

解 方法 1：设 $F(x,y,z)=f(xy,\mathrm{e}^z)-z$，求偏导数

$$F'_x=f'_1\cdot y,\ F'_y=f'_1\cdot x,\ F'_z=f'_2\cdot\mathrm{e}^z-1,$$

应用公式得

$$\frac{\partial z}{\partial x}=-\frac{F'_x}{F'_z}=-\frac{yf'_1}{f'_2\mathrm{e}^z-1}=\frac{yf'_1}{1-\mathrm{e}^z f'_2},$$

$$\frac{\partial z}{\partial y}=-\frac{F'_y}{F'_z}=-\frac{xf'_1}{f'_2\mathrm{e}^z-1}=\frac{xf'_1}{1-\mathrm{e}^z f'_2}.$$

方法 2：直接应用复合函数求导法则，方程两边分别对 x 和 y 求偏导数得：

$$\frac{\partial z}{\partial x}=f'_1(xy,\mathrm{e}^z)\cdot y+f'_2(xy,\mathrm{e}^z)\cdot\mathrm{e}^z\frac{\partial z}{\partial x},$$

$$\frac{\partial z}{\partial y}=f'_1(xy,\mathrm{e}^z)\cdot x+f'_2(xy,\mathrm{e}^z)\cdot\mathrm{e}^z\frac{\partial z}{\partial y},$$

解得

$$\frac{\partial z}{\partial x}=\frac{yf'_1}{1-\mathrm{e}^z f'_2},$$

$$\frac{\partial z}{\partial y}=\frac{xf'_1}{1-\mathrm{e}^z f'_2}.$$

◇练习题 8-3

1. 设方程 $x^2+z^2=y\varphi\left(\dfrac{z}{y}\right)$ 确定隐函数 $z=z(x,y)$，其中 φ 可微，求 $\dfrac{\partial z}{\partial x}$ 和 $\dfrac{\partial z}{\partial y}$.

【练习题 8-3 答案】

$$1. \frac{\partial z}{\partial x} = \frac{2x}{\varphi'\left(\dfrac{z}{y}\right) - 2z}, \frac{\partial z}{\partial y} = \frac{z\varphi'\left(\dfrac{z}{y}\right) - y\varphi'\left(\dfrac{z}{y}\right)}{y\left[\varphi'\left(\dfrac{z}{y}\right) - 2z\right]}.$$

4. 偏导数在几何方面的应用

例 8-12 求曲面 $e^z - z + xy = 3$ 在点 $(2,1,0)$ 处的切平面方程及法线方程.

解 设函数 $F(x,y,z) = e^z - z + xy - 3$,

因为 $\boldsymbol{n} = (F'_x, F'_y, F'_z) = (y, x, e^z - 1)$,

所以 $\boldsymbol{n}|_{(2,1,0)} = (1, 2, 0)$.

于是在点 $(2,1,0)$ 处切平面方程为

$$(x-2) + 2(y-1) + 0(z-0) = 0,$$

即 $x + 2y - 4 = 0$.

法线方程为 $\dfrac{x-2}{1} = \dfrac{y-1}{2} = \dfrac{z-0}{0}$,

即
$$\begin{cases} \dfrac{x-2}{1} = \dfrac{y-1}{2} \\ z = 0 \end{cases}.$$

例 8-13 求曲面 $z = x^2 + y^2$ 的一个切平面,使此切平面与直线 $\begin{cases} x + 2z = 1 \\ y + 2z = 2 \end{cases}$ 垂直.

解 设曲面上的切点为 $P_0(x_0, y_0, z_0)$,则曲面在该点的法向量为 $\boldsymbol{n} = (F_x, F_y, F_z)|_{P_0} = (2x_0, 2y_0, -1)$,

已知直线的方向向量为

$$\boldsymbol{s} = \begin{vmatrix} \boldsymbol{i} & \boldsymbol{j} & \boldsymbol{k} \\ 1 & 0 & 2 \\ 0 & 1 & 2 \end{vmatrix} = (-2, -2, 1),$$

据题意知 $\boldsymbol{s} /\!/ \boldsymbol{n}$,因此有 $\dfrac{2x_0}{-2} = \dfrac{2y_0}{-2} = -1$,

所以得 $x_0 = 1, y_0 = 1$,

从而有 $z_0 = x_0^2 + y_0^2 = 2$,

于是切点为 $P_0(1,1,2)$,所求切平面方程为

$$2(x-1) + 2(y-1) - (z-2) = 0,$$

即 $2x + 2y - z - 2 = 0$.

例 8-14 求 $3x^2 + y^2 + z^2 = 16$ 上点 $(-1, -2, 3)$ 处的切平面与 xOy 平面的夹角的余弦.

解　椭球面在点$(-1,-2,3)$处切平面的法向量为

$$\boldsymbol{n}=(6x,2y,2z)\big|_{(-1,-2,3)}=(-6,-4,6).$$

又 xOy 平面的方程为 $z=0$，其法向量为 $\boldsymbol{n}_1=(0,0,1)$，从而两平面的法向量夹角余弦为

$$\cos\gamma=\frac{|\boldsymbol{n}\cdot\boldsymbol{n}_1|}{|\boldsymbol{n}||\boldsymbol{n}_1|}=\frac{3\sqrt{22}}{22},$$

于是

$$\gamma=\arccos\frac{3\sqrt{22}}{22}.$$

◇**练习题 8-4**

1. 求球面 $x^2+y^2+z^2=1$ 上平行于平面 $x-y+2z=0$ 的切平面方程.

2. 在曲面 $z=xy$ 上求一点，使这点处的法线垂直于平面 $x+3y+z+9=0$，并求出该法线的方程.

※3. 求曲线 $\begin{cases}z=x^2+y^2\\x+y+z=2\end{cases}$ 在点 $M(1,0,1)$ 处的切线方程及法平面方程.

【练习题 8-4 答案】

1. 切点为 $\left(\dfrac{\sqrt{6}}{6},-\dfrac{\sqrt{6}}{6},\dfrac{\sqrt{6}}{3}\right)$ 及 $\left(-\dfrac{\sqrt{6}}{6},\dfrac{\sqrt{6}}{6},-\dfrac{\sqrt{6}}{3}\right)$，切平面方程为 $x-y+2z\mp\sqrt{6}=0$.

2. $(-3,-1,3)$，$\dfrac{x+3}{1}=\dfrac{y+1}{3}=\dfrac{z-3}{1}$.

3. $\dfrac{x-1}{1}=\dfrac{y-0}{-3}=\dfrac{z-1}{2}$，$x-3y+2z=3$.

※5. 方向导数与梯度

※**例 8 - 15**　求函数 $z=1-\left(\dfrac{x^2}{a^2}+\dfrac{y^2}{b^2}\right)$ 在点 $P\left(\dfrac{a}{\sqrt{2}},\dfrac{b}{\sqrt{2}}\right)$ 处沿曲线 $\dfrac{x^2}{a^2}+\dfrac{y^2}{b^2}=1$ 的内法线方向的方向导数.

解　(1)先求出曲线 $\dfrac{x^2}{a^2}+\dfrac{y^2}{b^2}=1$ 在点 $P\left(\dfrac{a}{\sqrt{2}},\dfrac{b}{\sqrt{2}}\right)$ 处的法向量 $\boldsymbol{n}$，

令 $F(x,y)=\dfrac{x^2}{a^2}+\dfrac{y^2}{b^2}-1$，

则　　　　　　　　　$\boldsymbol{n}=\pm(F'_x,F'_y)\mid_P=\pm\left(\dfrac{2x}{a^2},\dfrac{2y}{b^2}\right)\Big|_P=\pm\left(\dfrac{\sqrt{2}}{a},\dfrac{\sqrt{2}}{b}\right)$,

所以内法线方向取　　　　　　　　$\boldsymbol{n}=-\left(\dfrac{\sqrt{2}}{a},\dfrac{\sqrt{2}}{b}\right)$,

得　　　　　$\boldsymbol{n}^0=\left(-\dfrac{b}{\sqrt{a^2+b^2}},-\dfrac{a}{\sqrt{a^2+b^2}}\right)=(\cos\alpha,\sin\alpha)$.

（2）再求出函数的偏导数　　　　$\dfrac{\partial z}{\partial x}\Big|_P=-\dfrac{\sqrt{2}}{a},\dfrac{\partial z}{\partial y}\Big|_P=-\dfrac{\sqrt{2}}{b}$,

于是

$$\frac{\partial z}{\partial \boldsymbol{n}}\Big|_P=\left(-\frac{\sqrt{2}}{a}\right)\left(-\frac{b}{\sqrt{a^2+b^2}}\right)+\left(-\frac{\sqrt{2}}{b}\right)\left(-\frac{a}{\sqrt{a^2+b^2}}\right)$$

$$=\frac{1}{ab}\sqrt{2(a^2+b^2)}.$$

※例 8-16　　求函数 $V(x,y,z)=\dfrac{x^2}{a^2}+\dfrac{y^2}{b^2}+\dfrac{z^2}{c^2}$ 沿其梯度方向的方向导数.

解　　先求梯度 $\boldsymbol{l}=\mathrm{grad}V=\dfrac{\partial V}{\partial x}\boldsymbol{i}+\dfrac{\partial V}{\partial y}\boldsymbol{j}+\dfrac{\partial V}{\partial z}\boldsymbol{k}=\dfrac{2x}{a^2}\boldsymbol{i}+\dfrac{2y}{b^2}\boldsymbol{j}+\dfrac{2z}{c^2}\boldsymbol{k}$,

其方向余弦为 $\cos\alpha=\dfrac{\dfrac{2x}{a^2}}{\sqrt{\dfrac{4x^2}{a^4}+\dfrac{4y^2}{b^4}+\dfrac{4z^2}{c^4}}}$,

$$\cos\beta=\dfrac{\dfrac{2y}{b^2}}{\sqrt{\dfrac{4x^2}{a^4}+\dfrac{4y^2}{b^4}+\dfrac{4z^2}{c^4}}},$$

$$\cos\gamma=\dfrac{\dfrac{2z}{c^2}}{\sqrt{\dfrac{4x^2}{a^4}+\dfrac{4y^2}{b^4}+\dfrac{4z^2}{c^4}}}.$$

于是所求的方向导数为

$$\frac{\partial V}{\partial \boldsymbol{l}}=\frac{\partial V}{\partial x}\cos\alpha+\frac{\partial V}{\partial y}\cos\beta+\frac{\partial V}{\partial z}\cos\gamma$$

$$=2\sqrt{\frac{x^2}{a^4}+\frac{y^2}{b^4}+\frac{z^2}{c^4}}.$$

◇**练习题 8-5**

1. 函数 $u=x^2+4y^2$ 在点 $P(1,2)$ 处沿抛物线 $y=2x^2$ 的切线方向的方向导数.

2.求函数 $u=\ln(x^2+y^2+z^2)$ 在点 $P(1,2,-2)$ 处的梯度,且函数 u 在该点处沿什么方向的方向导数取得最大值,并求最大的方向导数.

【练习题 8-5 答案】

1. $\dfrac{66}{\sqrt{17}}$.

2. $\operatorname{grad}u=\left(\dfrac{2}{9},\dfrac{4}{9},-\dfrac{4}{9}\right)$,沿着梯度方向的方向导数最大,最大方向导数是 $|\operatorname{grad}u|=\dfrac{2}{3}$.

6. 求函数极值、最值问题

例 8-17 求内接于半径为 a 的球且有最大体积的长方体.

解 设球面方程为 $x^2+y^2+z^2=a^2$,内接长方体在第一卦限内的顶点为 (x,y,z),则此长方体的长、宽、高分别为 $2x,2y,2z$,体积为

$$V=8xyz(x>0,y>0,z>0),$$

构造拉格朗日函数

$$F(x,y,z)=8xyz+\lambda(x^2+y^2+z^2-a^2),$$

分别对 x,y,z 求导得方程组 $\begin{cases}F_x=8yz+2\lambda x=0\\F_y=8xz+2\lambda y=0,\\F_z=8xy+2\lambda z=0\end{cases}$

即 $\begin{cases}4yz+\lambda x=0,\\4xz+\lambda y=0,\\4xy+\lambda z=0,\end{cases}$

解方程组,得 $x=y=z=-\dfrac{\lambda}{4}$,

代入 $x^2+y^2+z^2=a^2$ 中,解出 $\lambda=-\dfrac{4}{\sqrt{3}}a$,

所以 $x=\dfrac{a}{\sqrt{3}},y=\dfrac{a}{\sqrt{3}},z=\dfrac{a}{\sqrt{3}}$,

因为 $\left(\dfrac{a}{\sqrt{3}},\dfrac{a}{\sqrt{3}},\dfrac{a}{\sqrt{3}}\right)$ 是 $x>0,y>0,z>0$ 内的唯一驻点,根据题意可知这个长方体的体积必有最大值,所以当长方体的长、宽、高分别为 $\dfrac{2a}{\sqrt{3}}$ 时,体积最大,且最大体积是

$$V_{\max}=\dfrac{8\sqrt{3}}{9}a^3.$$

例 8 - 18 在第一卦限内作椭球面 $\dfrac{x^2}{a^2}+\dfrac{y^2}{b^2}+\dfrac{z^2}{c^2}=1$ 的切平面,使切平面与三个坐标面所围成的四面体的体积最小,求切点坐标.

解 设切点为 $P(x_0,y_0,z_0)$,法向量 $\boldsymbol{n}=\left(\dfrac{2x_0}{a^2},\dfrac{2y_0}{b^2},\dfrac{2z_0}{c^2}\right)$,则切平面方程为

$$\frac{2x_0}{a^2}(x-x_0)+\frac{2y_0}{b^2}(y-y_0)+\frac{2z_0}{c^2}(z-z_0)=0,$$

化成截距式,得

$$\frac{x_0}{a^2}x+\frac{y_0}{b^2}y+\frac{z_0}{c^2}z=1,$$

因此该切平面在三个坐标轴的截距分别为 $\dfrac{a^2}{x_0},\dfrac{b^2}{y_0},\dfrac{c^2}{z_0}$,

所围成立体体积为 $V=\dfrac{a^2b^2c^2}{6x_0y_0z_0}$.

(2)再求 V 在条件 $\dfrac{x^2}{a^2}+\dfrac{y^2}{b^2}+\dfrac{z^2}{c^2}=1$ 下的最值.

只要求函数 $u=\ln x_0y_0z_0=\ln x_0+\ln y_0+\ln z_0\,(x_0>0,y_0>0,z_0>0)$ 在条件 $\dfrac{x^2}{a^2}+\dfrac{y^2}{b^2}+\dfrac{z^2}{c^2}=1$ 下的最值即可.

设拉格朗日函数 $G(x_0,y_0,z_0)=\ln x_0+\ln y_0+\ln z_0+\lambda\left(\dfrac{x_0^2}{a^2}+\dfrac{y_0^2}{b^2}+\dfrac{z_0^2}{c^2}-1\right)$,

解方程组 $\begin{cases}\dfrac{1}{x_0}+\dfrac{2\lambda x_0}{a^2}=0\\[2mm]\dfrac{1}{y_0}+\dfrac{2\lambda y_0}{b^2}=0\\[2mm]\dfrac{1}{z_0}+\dfrac{2\lambda z_0}{c^2}=0\\[2mm]\dfrac{x_0^2}{a^2}+\dfrac{y_0^2}{b^2}+\dfrac{z_0^2}{c^2}=1\end{cases}$,

得 $x_0=\dfrac{a}{\sqrt{3}},y_0=\dfrac{b}{\sqrt{3}},z_0=\dfrac{c}{\sqrt{3}}$,

于是当切点的坐标为 $\left(\dfrac{a}{\sqrt{3}},\dfrac{b}{\sqrt{3}},\dfrac{c}{\sqrt{3}}\right)$ 时,所围立体的体积最小,且最小体积 $V=\dfrac{\sqrt{3}}{2}abc$.

※例 8 - 19 求平面 $\dfrac{x}{3}+\dfrac{y}{4}+\dfrac{z}{5}=1$ 和柱面 $x^2+y^2=1$ 的交线上与 xOy 平面距离最短的点.

解 设 (x,y,z) 为交线上的点,则满足方程 $\dfrac{x}{3}+\dfrac{y}{4}+\dfrac{z}{5}=1$ 和 $x^2+y^2=1$,该点到 xOy 面的距离为 $|z|$,

设拉格朗日函数为

$$F(x,y,z)=z^2+\lambda_1\left(\frac{x}{3}+\frac{y}{4}+\frac{z}{5}-1\right)+\lambda_2(x^2+y^2-1),$$

解方程组
$$\begin{cases} \dfrac{\lambda_1}{3}+2x\lambda_2=0 \\[2mm] \dfrac{\lambda_1}{4}+2y\lambda_2=0 \\[2mm] \dfrac{\lambda_1}{5}+2z=0 \\[2mm] \dfrac{x}{3}+\dfrac{y}{4}+\dfrac{z}{5}=1, x^2+y^2=1 \end{cases},$$

得 $x=\dfrac{4}{5}$，$y=\dfrac{3}{5}$，$z=\dfrac{35}{12}$，即为所求.

◇练习题 8-6

1.从斜边之长为 l 的一切直角三角形中，求有最大周长的直角三角形.

2.在椭球面 $\dfrac{x^2}{a^2}+\dfrac{y^2}{b^2}+\dfrac{z^2}{c^2}=1$ 内嵌入一个体积最大的长方体，求出它的棱长和最大体积.

【练习题 8-6 答案】

1.两直角边长为 $x=y=\dfrac{\sqrt{2}}{2}l$.

2.当棱长为 $\dfrac{2a}{\sqrt{3}}$，$\dfrac{2b}{\sqrt{3}}$，$\dfrac{2c}{\sqrt{3}}$ 时，长方体的体积最大，最大值为 $V_{\max}=\dfrac{8\sqrt{3}}{9}abc$.

三、练习题

(一)单项选择题

1.已知函数 $f(x+y,x-y)=x^2-y^2$,则 $f_x(x,y)+f_y(x,y)=($ 　　).

A.$2x-2y$　　　　　B.$2x+2y$　　　　　C.$x+y$　　　　　D.$x-y$

2.$\lim\limits_{(x,y)\to(0,0)}\dfrac{\sin(x-y)}{x+y}=($ 　　).

A.1　　　　　　　B.∞　　　　　　C.0　　　　　　D.不存在

3.设 $f(x,y)$ 在 (a,b) 处的偏导数存在,则 $\lim\limits_{\Delta x\to0}\dfrac{f(a+\Delta x,b)-f(a-\Delta x,b)}{\Delta x}=$ (　　).

A.$f_x(a,b)$　　　　B.$2f_x(a,b)$　　　　C.$f_x(2a,b)$　　　　D.$\dfrac{1}{2}f_x(a,b)$

4.$z=f(x,y)$ 在点 (x_0,y_0) 处偏导数 $f'_x(x_0,y_0),f'_y(x_0,y_0)$ 存在是函数可微分的(　　).

A.充分条件　　　　　　　　　　B.充要条件

C.必要条件　　　　　　　　　　D.既不充分也不必要条件

5.二元函数 $f(x,y)$ 在点 (x_0,y_0) 处的两个偏导数 $f'_x(x_0,y_0),f'_y(x_0,y_0)$ 都存在是函数 $f(x,y)$ 在点 (x_0,y_0) 处连续的(　　).

A.充分条件　　　　　　　　　　B.充要条件

C.必要条件　　　　　　　　　　D.既不充分也不必要条件

6.$z'_x(x_0,y_0)=0$ 和 $z'_y(x_0,y_0)=0$ 是 $z=z(x,y)$ 在点 (x_0,y_0) 处取得极值的(　　).

A.充分条件　　　　　　　　　　B.充要条件

C.必要条件　　　　　　　　　　D.既不充分也不必要条件

7.曲面 $z=x^2+y^2$ 上点 P 处的切平面与平面 $2x+2y+z-4=0$ 平行,则切点 P 的坐标是(　　).

A.$(1,1,2)$　　　　B.$(-1,-1,2)$　　　C.$(1,-1,2)$　　　D.$(-1,1,2)$

8.工厂生产甲、乙两种产品产量分别为 x,y 单位,总成本为 $C(x,y)=x^2+2xy+3y^2+2$,若两种产品的销售价格分别为 $4,8$ 时,产品能全部售出,则该厂取得的最大利润为(　　).

A.3　　　　　　　B.4　　　　　　　C.5　　　　　　　D.6

9.函数 $z=x^3-3x-y^2$ 在点 $(1,0)$ 处(　　).

A.取得极大值　　　B.不取得极值　　　C.取得极小值　　　D.无法判断

10. 函数 $z=x^2+y^2-6x+8y$ 在圆域 $x^2+y^2\leqslant100$ 上的最大值与最小值分别是(　　).

A. $200,-25$　　　　B. $180,0$　　　　C. $205,-15$　　　　D. $190,10$

(二)填空题

1. 函数 $z=\sqrt{x-\sqrt{y}}$ 的定义域为_____.

2. $\lim\limits_{(x,y)\to(0,0)}\dfrac{2-\sqrt{xy+4}}{xy}=$_____.

3. 函数 $f(x,y)=y\ln x+\dfrac{(y-1)e^x}{x^2+y^2}$,则 $f_x(2,1)=$_____.

4. 设 $f(x,y,z)=\sqrt[z]{\dfrac{x}{y}}$,则 $\mathrm{d}f(1,1,1)=$_____.

5. 已知函数 $z=x^2-xy+y^2$,则它在点 $M(1,0)$ 处对应于自变量的增量 $\Delta x,\Delta y$ 的全增量 $\Delta z=$_____,全微分 $\mathrm{d}z=$_____.

6. 由方程 $xyz+\sqrt{x^2+y^2+z^2}=\sqrt{2}$ 所确定的隐函数 $z=z(x,y)$ 在点 $(1,0,-1)$ 处的全微分 $\mathrm{d}z=$_____.

7. 求函数 $u=f(x,y,z)$ 在条件 $\varphi(x,y,z)=0$ 及 $\psi(x,y,z)=0$ 下的极值,则拉格朗日函数可构造为_____.

8. 设二元函数 $U(x,y)$ 具有二阶连续偏导数,且 $\mathrm{d}U=P(x,y)\mathrm{d}x+Q(x,y)\mathrm{d}y$,则 $\dfrac{\partial Q}{\partial x}-\dfrac{\partial P}{\partial y}=$_____.

9. 曲线 $x=\dfrac{t^4}{4},y=\dfrac{t^3}{3},z=\dfrac{t^2}{2}$ 在 $t=1$ 对应点处的切线方程为_____.

10. 函数 $z=x^3+y^3-3xy$ 的极小值点为_____,极小值为_____.

(三)计算题

1. 设 $z=e^{-x}\sin(x+2y)$,求 $\dfrac{\partial z}{\partial x}\Big|_{\substack{x=0\\y=\frac{\pi}{4}}},\dfrac{\partial z}{\partial y}\Big|_{\substack{x=0\\y=\frac{\pi}{4}}}$.

2. 设 $z=e^{\frac{x}{y}}$,求 $\dfrac{\partial^2 z}{\partial x\partial y}$.

3. 设 $z=\arctan(xy)$, $y=e^{-x}$, 求全导数 $\dfrac{dz}{dx}$.

4. 设 $z=F\left(\dfrac{y}{x}\right)+\varphi(x+ay)$, 其中 a 为常数, F,φ 为可微函数, 求 $\dfrac{\partial z}{\partial x}$, $\dfrac{\partial z}{\partial y}$.

5. 设 $z=xf(x+y)+y\varphi(x^2,y)$, 其中 f 为可导函数, φ 具有一阶连续偏导数, 求 $\dfrac{\partial z}{\partial x}$, $\dfrac{\partial z}{\partial y}$.

6. 设 $z=f(e^x,xy^2)$, 其中 f 具有二阶连续偏导数, 求 $\dfrac{\partial^2 z}{\partial x\partial y}$.

7. 设 $z=z(x,y)$ 是由方程 $z=y+\ln\dfrac{x}{z}$ 确定的隐函数, 求 $\dfrac{\partial^2 z}{\partial x\partial y}$.

8. 设 $\varphi(x-az,y-bz)=0$, 其中 φ 可微, 求 $a\dfrac{\partial z}{\partial x}+b\dfrac{\partial z}{\partial y}$.

(四)偏导数的几何应用

1. 求曲线 $\varGamma:\begin{cases} x=\displaystyle\int_0^t e^u\cos u\,du \\ y=2\sin t+\cos t \\ z=1+e^{3t} \end{cases}$ 在 $t=0$ 对应点处的切线及法平面方程.

2.在曲线 $x=t$，$y=t^2$，$z=t^3$ 上求一点，使该点的切线平行于平面 $x+2y+z=4$.

3.求椭球面 $x^2+2y^2+z^2=1$ 上平行于平面 $x-y+2z=0$ 的切平面方程.

4.求曲面 $z=\sqrt{x^2+y^2}-xy$ 在点 $M(3,4,-7)$ 处的切平面方程及法线方程.

（五）应用题

1.求函数 $f(x,y,z)=x-2y+2z$ 在球面 $x^2+y^2+z^2=1$ 上的最大值和最小值.

2.在半径为 R 的半球内嵌入有最大体积的长方形，并求出最大体积.

3.横断面为半圆形的圆柱形敞口浴盆，其表面积等于 S，问其尺寸怎么样时，此盆有最大的容积?

4.试求在圆锥 $z=\dfrac{h}{k}\sqrt{x^2+y^2}$ 和平面 $z=h$ 所围成的圆锥体内作出底平面平行于 xOy 面的最大长方体的体积.

5.抛物面 $z=x^2+y^2$ 被平面 $x+y+z=1$ 截成椭圆，求该椭圆到坐标原点的最远距离和最近距离.［提示：$F=x^2+y^2+z^2+\lambda(x^2+y^2-z)+\mu(x+y+z-1)$］

【练习题答案】

(一)1. C　2. D　3. B　4. C　5. D　6. D　7. B　8. B　9. B　10. A

(二)1. $\{(x,y)\mid x\geqslant 0,y\geqslant 0,x^2\geqslant y\}$　2. $-\dfrac{1}{4}$　3. $\dfrac{1}{2}$

4. $\mathrm{d}f(1,1,1)=\mathrm{d}x-\mathrm{d}y$

5. $2\Delta x-\Delta y+(\Delta x)^2-(\Delta x\Delta y)+(\Delta y)^2$　$2\mathrm{d}x-\mathrm{d}y$

6. $\mathrm{d}x-\sqrt{2}\mathrm{d}y$　7. $F=f(x,y,z)+\lambda\varphi(x,y,z)+\mu\psi(x,y,z)$

8. 0　9. $x-\dfrac{1}{4}=y-\dfrac{1}{3}=z-\dfrac{1}{2}$　10. $(1,1)$　-1

(三)1. $-1,0$.　2. $-\dfrac{x+y}{y^3}\mathrm{e}^{\frac{x}{y}}$.　3. $\dfrac{y-x\mathrm{e}^{-x}}{1+(xy)^2}$.

4. $\dfrac{\partial z}{\partial x}=-\dfrac{y}{x^2}F'+\varphi'$, $\dfrac{\partial z}{\partial y}=\dfrac{1}{x}F'+a\varphi'$.

5. $\dfrac{\partial z}{\partial x}=f+xf'+2xy\varphi_1$, $\dfrac{\partial z}{\partial y}=xf'+\varphi+y\varphi_2$.

6. $\dfrac{\partial^2 z}{\partial x\partial y}=2xy\mathrm{e}^x f_{12}+2yf_2+2xy^3 f_{22}$.

7. $\dfrac{\partial^2 z}{\partial x\partial y}=\dfrac{z}{x(z+1)^3}$.　8. $a\dfrac{\partial z}{\partial x}+b\dfrac{\partial z}{\partial y}=1$.

(四)1. 点$(0,1,2)$,$\boldsymbol{T}=(1,2,3)$,$\dfrac{x-0}{1}=\dfrac{y-1}{2}=\dfrac{z-2}{3}$,$x+2y+3z=8$.

2. $P_1(-1,1,-1)$,$P_2\left(-\dfrac{1}{3},\dfrac{1}{9},-\dfrac{1}{27}\right)$.

3. $x-y+2z\pm\dfrac{\sqrt{22}}{2}=0$.

4. $\dfrac{x-3}{17}=\dfrac{y-4}{11}=\dfrac{z+7}{5}$,$17x+11y+5z-60=0$.

(五)1. 最大值 $f\left(\dfrac{1}{3},-\dfrac{2}{3},\dfrac{2}{3}\right)=3$,最小值 $f\left(-\dfrac{1}{3},\dfrac{2}{3},-\dfrac{2}{3}\right)=-3$.

2. 当棱长分别为$\dfrac{2R}{\sqrt{3}},\dfrac{2R}{\sqrt{3}},\dfrac{R}{\sqrt{3}}$时,长方体的体积最大,最大值为$\dfrac{4\sqrt{3}}{9}R^3$.

3. 当$R=\sqrt{\dfrac{S}{3\pi}},H=2\sqrt{\dfrac{S}{3\pi}}$时,容积最大.

4. 当$x=\dfrac{1}{3}\sqrt{2}k,y=\dfrac{1}{3}\sqrt{2}k,z=\dfrac{2}{3}h$,体积最大,且最大体积为$V=\dfrac{8}{27}k^2h$.

5. 最大值与最小值分别为$\sqrt{9+5\sqrt{3}},\sqrt{9-5\sqrt{3}}$,且最大值点与最小值点分别是$\left(\dfrac{-1+\sqrt{3}}{2},\dfrac{-1+\sqrt{3}}{2},2-\sqrt{3}\right),\left(\dfrac{1-\sqrt{3}}{2},\dfrac{1-\sqrt{3}}{2},2+\sqrt{3}\right)$.

第九章

重 积 分

一、内容摘要

（一）二重积分

1. 二重积分的概念

（1）定义

设 $f(x,y)$ 是有界闭区域 D 上的有界函数，通过分、粗、和、精得到和的极限，即是二重积分的定义：

$$\iint_D f(x,y)\,\mathrm{d}\sigma = \lim_{\lambda \to 0} \sum_{i=1}^n f(\xi_i, \eta_i)\,\Delta\sigma_i.$$

在直角坐标系下用平行于坐标轴的直线网来划分区域 D（见图 9.1），则面积元素 $\mathrm{d}\sigma = \mathrm{d}x\mathrm{d}y$，故二重积分为

$$\iint_D f(x,y)\,\mathrm{d}\sigma = \iint_D f(x,y)\,\mathrm{d}x\mathrm{d}y.$$

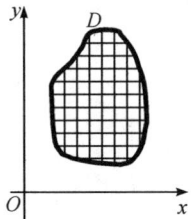

图 9.1

（2）可积条件

函数 $z = f(x,y)$ 在有界闭区域 D 上连续，则二重积分一定存在，即可积.

（3）二重积分的性质

设函数 $f(x,y), g(x,y)$ 是有界闭区域 D 上的可积函数，则

① 线性性质：

$$\iint\limits_D [af(x,y) \pm bg(x,y)]\mathrm{d}x\mathrm{d}y = a\iint\limits_D f(x,y)\mathrm{d}x\mathrm{d}y \pm b\iint\limits_D g(x,y)\mathrm{d}x\mathrm{d}y.$$

② 可加性：

$$\iint\limits_D f(x,y)\mathrm{d}x\mathrm{d}y = \iint\limits_{D_1} f(x,y)\mathrm{d}x\mathrm{d}y + \iint\limits_{D_2} f(x,y)\mathrm{d}x\mathrm{d}y,$$

其中 $D = D_1 + D_2$.

③ 比较定理：有界闭区域 D 上 $f(x,y) \leqslant g(x,y)$，则

$$\iint\limits_D f(x,y)\mathrm{d}x\mathrm{d}y \leqslant \iint\limits_D g(x,y)\mathrm{d}x\mathrm{d}y,$$

特别地，

$$\left|\iint\limits_D f(x,y)\mathrm{d}x\mathrm{d}y\right| \leqslant \iint\limits_D |f(x,y)|\,\mathrm{d}x\mathrm{d}y.$$

④ 估值不等式：设 M, m 分别是二元函数 $f(x,y)$ 在闭区域 D 上的最大值与最小值，σ 是闭区域 D 的面积，则

$$m\sigma \leqslant \iint\limits_D f(x,y)\mathrm{d}x\mathrm{d}y \leqslant M\sigma.$$

⑤ 积分中值定理：设函数 $f(x,y)$ 在闭区域 D 上连续，σ 是闭区域 D 的面积，则在 D 上至少存在一点 (ξ, η)，使得下式成立：

$$\iint\limits_D f(x,y)\mathrm{d}x\mathrm{d}y = f(\xi, \eta)\sigma.$$

2. 二重积分的应用

（1）几何应用

① 曲面的面积：空间曲面 $\Sigma: z = f(x,y)$ 在 xOy、xOz、yOz 坐标面上的投影区域分别为 D_{xy}、D_{xz}、D_{yz}，则曲面的面积公式为

$$A = \iint\limits_{D_{xy}} \sqrt{1 + \left(\frac{\partial z}{\partial x}\right)^2 + \left(\frac{\partial z}{\partial y}\right)^2}\,\mathrm{d}x\mathrm{d}y$$

$$= \iint\limits_{D_{xz}} \sqrt{1 + \left(\frac{\partial y}{\partial x}\right)^2 + \left(\frac{\partial y}{\partial z}\right)^2}\,\mathrm{d}x\mathrm{d}z$$

$$= \iint\limits_{D_{yz}} \sqrt{1 + \left(\frac{\partial x}{\partial y}\right)^2 + \left(\frac{\partial x}{\partial z}\right)^2}\,\mathrm{d}y\mathrm{d}z.$$

② 曲顶柱体的体积：以曲面 $z = f(x,y) \geqslant 0$ 为顶，xOy 坐标面上某区域 D 为底的曲顶柱体的体积（见图 9.2）为

$$V = \iint\limits_D f(x,y)\mathrm{d}\sigma.$$

③ 平面区域 D 的面积：$A = \iint\limits_D \mathrm{d}\sigma.$

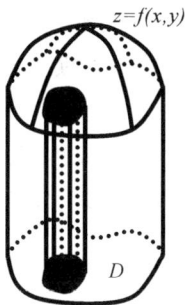

图 9.2

（2）物理应用

设平面薄片占 xOy 面上区域 D，且薄片的面密度 $\mu(x,y)$ 为 D 上的连续函数，则

① 质量：

$$M = \iint\limits_{D} \mu(x,y)\,\mathrm{d}\sigma.$$

② 质心：

$$\overline{x} = \dfrac{\iint\limits_{D} x\mu(x,y)\,\mathrm{d}\sigma}{\iint\limits_{D} \mu(x,y)\,\mathrm{d}\sigma},$$

$$\overline{y} = \dfrac{\iint\limits_{D} y\mu(x,y)\,\mathrm{d}\sigma}{\iint\limits_{D} \mu(x,y)\,\mathrm{d}\sigma}.$$

③ 转动惯量：

$$I_x = \iint\limits_{D} y^2 \mu(x,y)\,\mathrm{d}\sigma（关于\ x\ 的转动惯量），$$

$$I_y = \iint\limits_{D} x^2 \mu(x,y)\,\mathrm{d}\sigma（关于\ y\ 的转动惯量），$$

$$I_O = \iint\limits_{D} (x^2 + y^2)\mu(x,y)\,\mathrm{d}\sigma（关于坐标原点的转动惯量）.$$

注：① 在质点系上，质心的定义为 $\overline{x} = \dfrac{\sum\limits_{i=1}^{n} m_i x_i}{M} = \sum\limits_{i=1}^{n} \dfrac{m_i}{M} x_i,\ \overline{y} = \dfrac{\sum\limits_{i=1}^{n} m_i y_i}{M} = \sum\limits_{i=1}^{n} \dfrac{m_i}{M} y_i$，可理解为坐标关于质量的加权平均值.

② 在质点系上，转动惯量的定义为 $I_x = \sum\limits_{i=1}^{n} m_i y_i^2,\ I_y = \sum\limits_{i=1}^{n} m_i x_i^2,\ I_O = \sum\limits_{i=1}^{n} m_i(x_i^2 + y_i^2)$，可理解为质量乘以距离平方之和.

③ 从质点系的角度理解质心和转动惯量的定义，可以将平面薄片、空间物体、曲线形构件等不同形体的质心和转动惯量的求解公式统一起来.

3. 二重积分的计算

（1）利用直角坐标计算

根据不同的积分区域类型，可将二重积分 $\iint\limits_{D} f(x,y)\mathrm{d}x\mathrm{d}y$ 化为先对 x 后对 y 的二次积分，或先对 y 后对 x 的二次积分，即

$$\iint\limits_{D} f(x,y)\mathrm{d}\sigma = \int_{a}^{b}\mathrm{d}x\int_{\varphi_1(x)}^{\varphi_2(x)} f(x,y)\mathrm{d}y\, (D\text{ 为 }X\text{ 型区域}),$$

或

$$\iint\limits_{D} f(x,y)\mathrm{d}\sigma = \int_{c}^{d}\mathrm{d}y\int_{\psi_1(y)}^{\psi_2(y)} f(x,y)\mathrm{d}x\, (D\text{ 为 }Y\text{ 型区域}).$$

（2）利用极坐标计算

将直角坐标系下的二重积分转化为极坐标系下的二重积分作三项代换：

① 直角坐标与极坐标的关系为 $x = \rho\cos\theta, y = \rho\sin\theta$；

② 极坐标系下的面积元素为 $\mathrm{d}\sigma = \rho\mathrm{d}\rho\mathrm{d}\theta$；

③ 围成区域 D 的边界曲线用极坐标方程表示.

极坐标系下的二重积分公式为

$$\iint\limits_{D} f(x,y)\mathrm{d}x\mathrm{d}y = \iint\limits_{D} f(\rho\cos\theta,\rho\sin\theta)\rho\mathrm{d}\rho\mathrm{d}\theta.$$

最后将极坐标系下二重积分 $\iint\limits_{D} f(\rho\cos\theta,\rho\sin\theta)\rho\mathrm{d}\rho\mathrm{d}\theta$ 化为先对 ρ 后对 θ 的二次积分，即

$$\iint\limits_{D} f(\rho\cos\theta,\rho\sin\theta)\rho\mathrm{d}\rho\mathrm{d}\theta = \int_{\theta_1}^{\theta_2}\mathrm{d}\theta\int_{\rho_1(\theta)}^{\rho_2(\theta)} f(\rho\cos\theta,\rho\sin\theta)\rho\mathrm{d}\rho.$$

注：当积分区域 D 为"圆域、圆环域、扇形域、扇环域"或被积函数含有"$x^2 + y^2$、$\dfrac{y}{x}$、$\dfrac{x}{y}$"形式时，往往用极坐标计算较为简单.

（3）利用二重积分的对称性

① 设积分区域 D 关于 y 轴对称，D_1 为 D 在 y 轴右边的部分，则

$$\iint\limits_{D} f(x,y)\mathrm{d}\sigma = \begin{cases} 2\iint\limits_{D_1} f(x,y)\mathrm{d}\sigma, & f(-x,y) = f(x,y) \\ 0, & f(-x,y) = -f(x,y) \end{cases}.$$

② 设积分区域 D 关于 x 轴对称，D_2 为 D 在 x 轴上边的部分，则

$$\iint\limits_{D} f(x,y)\mathrm{d}\sigma = \begin{cases} 2\iint\limits_{D_2} f(x,y)\mathrm{d}\sigma, & f(x,-y) = f(x,y) \\ 0, & f(x,-y) = -f(x,y) \end{cases}.$$

③ 区域 D 关于直线 $y = x$ 对称，则二重积分

$$\iint\limits_{D} f(x,y)\mathrm{d}\sigma = \iint\limits_{D} f(y,x)\mathrm{d}\sigma.$$

※(二) 三重积分

1. 三重积分的概念

(1) 定义

设 $f(x,y,z)$ 是有界闭区域 D 上的有界函数. 通过分、粗、和、精得到和的极限, 即是三重积分的定义:

$$\iiint\limits_{\Omega} f(x,y,z)\mathrm{d}v = \lim_{\lambda \to 0} \sum_{i=1}^{n} f(\xi_i, \eta_i, \tau_i)\Delta v_i.$$

(2) 可积条件

设函数 $f(x,y,z)$ 在空间 Ω 上连续, 则三重积分一定存在, 即可积.

(3) 三重积分性质

同二重积分类似, 即线性性质、可加性、比较定理、估值不等式、积分中值定理.

2. 三重积分的应用

(1) 几何应用

空间体 Ω 的体积 $V = \iiint\limits_{\Omega} \mathrm{d}v.$

(2) 物理应用

设某物质占空间区域为 Ω, 其体密度 $\mu(x,y,z)$ 在区域 Ω 上连续.

① 质量:

$$M = \iiint\limits_{\Omega} \mu(x,y,z)\mathrm{d}v.$$

② 重心坐标:

$$\bar{x} = \frac{\iiint\limits_{\Omega} x\mu(x,y,z)\mathrm{d}v}{\iiint\limits_{\Omega} \mu(x,y,z)\mathrm{d}v},$$

$$\bar{y} = \frac{\iiint\limits_{\Omega} y\mu(x,y,z)\mathrm{d}v}{\iiint\limits_{\Omega} \mu(x,y,z)\mathrm{d}v},$$

$$\bar{z} = \frac{\iiint\limits_{\Omega} z\mu(x,y,z)\mathrm{d}v}{\iiint\limits_{\Omega} \mu(x,y,z)\mathrm{d}v}.$$

③ 转动惯量:

$$I_x = \iiint\limits_{\Omega} (y^2 + z^2)\mu(x,y,z)\mathrm{d}v,$$

$$I_y = \iiint\limits_{\Omega} (x^2 + z^2)\mu(x,y,z)\mathrm{d}v,$$

$$I_z = \iiint\limits_{\Omega} (x^2 + y^2)\mu(x,y,z)\mathrm{d}v,$$

$$I_O = \iiint\limits_{\Omega} (x^2 + y^2 + z^2)\mu(x,y,z)\mathrm{d}v.$$

3. 三重积分的计算方法

(1) 利用直角坐标计算

① 先单后重法:

$$\iiint\limits_{\Omega} f(x,y,z)\mathrm{d}x\mathrm{d}y\mathrm{d}z = \iint\limits_{D}\mathrm{d}x\mathrm{d}y\int_{z_1(x,y)}^{z_2(x,y)} f(x,y,z)\mathrm{d}z.$$

注:将三重积分化为三次积分计算时,积分限确定的顺序是"先面到面,再线到线,最后点到点".

② 先重后单法:

$$\iiint\limits_{\Omega} f(x,y,z)\mathrm{d}x\mathrm{d}y\mathrm{d}z = \int_{c}^{d}\mathrm{d}z\iint\limits_{D_z} f(x,y,z)\mathrm{d}x\mathrm{d}y.$$

注:平行于坐标面的平面截空间 Ω 得截面是规则图形,如圆、椭圆等;被积函数为 $f(x,y,z) = f(z)$,或 $f(x,y,z) = f(x)$ 或 $f(x,y,z) = f(y)$ 时,利用先重后单法计算常较简单.

(2) 利用柱面坐标计算

规定 ρ,θ,z 的取值范围是 $0 \leqslant \rho \leqslant +\infty, 0 \leqslant \theta \leqslant 2\pi, -\infty < z < +\infty$.

柱面坐标系(见图 9.3)的三组坐标面分别为:

$\rho =$ 常数,即以 z 轴为中心轴的圆柱面;

$\theta =$ 常数,即过 z 轴的半平面;

$z =$ 常数,即与坐标面 xOy 平行的平面.

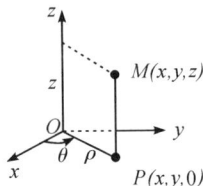

图 9.3

将直角坐标系下的三重积分转化为柱面坐标系下的三重积分需作三项代换:

① $x = \rho\cos\theta, y = \rho\sin\theta, z = z$;

② $\mathrm{d}v = \rho\mathrm{d}\rho\mathrm{d}\theta\mathrm{d}z$,如图 9.4 所示;

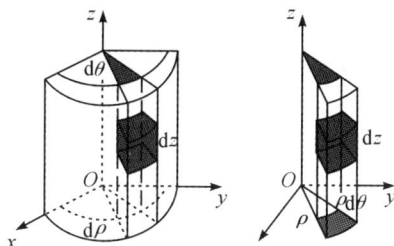

图 9.4

③Ω 边界曲面方程用柱面坐标表示.

经过上面的三项代换得到柱面坐标系下的三重积分化为

$$\iiint\limits_{\Omega} f(x,y,z)\mathrm{d}x\mathrm{d}y\mathrm{d}z = \iint\limits_{D}\rho\mathrm{d}\rho\mathrm{d}\theta\int_{z_1(\rho\cos\theta,\rho\sin\theta)}^{z_2(\rho\cos\theta,\rho\sin\theta)} f(\rho\cos\theta,\rho\sin\theta,z)\mathrm{d}z.$$

注:① 一般化为三次积分的次序:先对 z 积分,再对 ρ 积分,最后对 θ 积分.

② 当积分区域 Ω 为柱体、锥体,或者由柱面、锥面、抛物面、球面与其他曲面所围

成的立体,而被积函数含有"$x^2 + y^2$"、"$\dfrac{y}{x}$"时,利用柱面坐标计算常能简单.

(3) 利用球面坐标计算

规定 r,φ,θ 的取值范围是 $0 \leqslant r \leqslant +\infty, 0 \leqslant \theta \leqslant 2\pi, 0 \leqslant \varphi \leqslant \pi$.

球面坐标系(见图 9.5)的三组坐标面分别为:

$r =$ 常数,即以原点为中心的球面;

$\varphi =$ 常数,即以原点为顶,z 轴为轴的圆锥面;

$\theta =$ 常数,即过 z 轴的半平面.

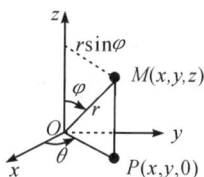

图 9.5

将直角坐标系下的三重积分转化为球面坐标系下的三重积分需作三项代换:

①$x = r\sin\varphi\cos\theta, y = r\sin\varphi\sin\theta, z = r\cos\varphi$;

②$\mathrm{d}v = r^2\sin\varphi\mathrm{d}r\mathrm{d}\varphi\mathrm{d}\theta$,如图 9.6 所示;

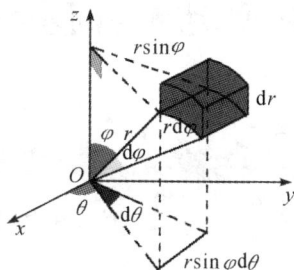

图 9.6

③Ω边界曲面方程用球坐标表示.

经过上面的三项代换得到球面坐标系下的三重积分化为

$$\iiint\limits_{\Omega} f(x,y,z)\mathrm{d}x\mathrm{d}y\mathrm{d}z$$

$$= \int_{\theta_1}^{\theta_2}\mathrm{d}\theta\int_{\varphi_1(\theta)}^{\varphi_2(\theta)}\mathrm{d}\varphi\int_{r_1(\theta,\varphi)}^{r_2(\theta,\varphi)} f(r\cos\theta\,\sin\varphi, r\sin\theta\,\sin\varphi, r\cos\varphi)r^2\sin\varphi\,\mathrm{d}r.$$

注:① 一般化为三次积分次序:先对 r 积分,再对 φ(或 θ) 积分,最后对 θ(或 φ)积分.

② 当积分区域 Ω 为球体、球体的一部分、锥体,而被积函数含有"$x^2+y^2+z^2$"时,利用球面坐标计算一般较简单.

(4) 利用三重积分对称性

要考虑到积分区域 Ω 关于坐标面对称和被积函数是 x,y,z 的奇偶函数.

① 若三重积分的积分区域 Ω 关于 xOy 坐标面对称,Ω_1 为 Ω 关于 xOy 坐标面上半部分,则

$$\iiint\limits_{\Omega} f(x,y,z)\mathrm{d}v = \begin{cases} 2\iiint\limits_{\Omega_1} f(x,y,z)\mathrm{d}v, & f(x,y,-z) = f(x,y,z) \\ \\ 0, & f(x,y,-z) = -f(x,y,z) \end{cases}.$$

② 若三重积分的积分区域 Ω 关于 xOz 坐标面对称,Ω_2 为 Ω 关于 xOz 坐标面右半部分,则

$$\iiint\limits_{\Omega} f(x,y,z)\mathrm{d}v = \begin{cases} 2\iiint\limits_{\Omega_2} f(x,y,z)\mathrm{d}v, & f(x,-y,z) = f(x,y,z) \\ \\ 0, & f(x,-y,z) = -f(x,y,z) \end{cases}.$$

③ 若三重积分的积分区域 Ω 关于 yOz 坐标面对称,Ω_3 为 Ω 关于 yOz 坐标面前半部分,则

$$\iiint\limits_{\Omega} f(x,y,z)\mathrm{d}v = \begin{cases} 2\iiint\limits_{\Omega_3} f(x,y,z)\mathrm{d}v, & f(-x,y,z) = f(x,y,z) \\ \\ 0, & f(-x,y,z) = -f(x,y,z) \end{cases}.$$

二、典型例题与同步练习

1. 重积分的定义与性质

例 9-1　估计二重积分 $\iint\limits_{D}(x+y)\mathrm{d}\sigma$ 的值,其中积分区域 $D:(x-2)^2+(y-1)^2$

$\leqslant 2.$

解　先求在闭区域 D 上,被积函数 $f(x,y)=(x+y)$ 的最大值与最小值.

因为可导函数 $f(x,y)=(x+y)$ 在区域 D 内没有驻点,所以该函数的最值点在边界上,因此应用拉格朗日乘数法求出最值点.

作出拉格朗日函数 $F(x,y)=x+y+\lambda\left[(x-2)^2+(y-1)^2-2\right]$,求出最大值点与最小值点分别为 $(1,0),(3,2)$,因此最大值与最小值为

$$M=\max f(x,y)=f(3,2)=5,$$
$$m=\min f(x,y)=f(1,0)=1,$$

于是
$$2\pi=m\sigma\leqslant\iint\limits_D(x+y)\mathrm{d}\sigma\leqslant M\sigma=10\pi.$$

例 9-2　试问下列等式是否成立,并说明理由.

(1) $\iint\limits_D xy\,\mathrm{d}x\mathrm{d}y=4\iint\limits_{D_1}xy\,\mathrm{d}x\mathrm{d}y$,其中 $D:x^2+y^2\leqslant 1,D_1:x^2+y^2\leqslant 1,x\geqslant 0,y\geqslant 0$.

(2) $\iint\limits_D x\ln(x^2+y^2)\mathrm{d}\sigma=0$,其中 $D:x^2+y^2\leqslant 1$.

(3) $\iint\limits_D(x+y)\mathrm{d}x\mathrm{d}y=\iint\limits_D x\,\mathrm{d}x\mathrm{d}y$,其中 $D:(x-1)^2+y^2\leqslant 1$.

(4) $\iint\limits_D f(x,y)\mathrm{d}x\mathrm{d}y=4\int_0^{\frac{\pi}{2}}\mathrm{d}\theta\int_1^2 f(r\cos\theta,r\sin\theta)r\mathrm{d}r$,其中 $D:1\leqslant x^2+y^2\leqslant 4$.

(5) $\iiint\limits_\Omega x\,\mathrm{d}v=4\iiint\limits_{\Omega_1}x\,\mathrm{d}v,\iiint\limits_\Omega z\,\mathrm{d}v=4\iiint\limits_{\Omega_1}z\,\mathrm{d}v$,其中 $\Omega:x^2+y^2+z^2\leqslant 1,z\geqslant 0,\Omega_1:x^2+y^2+z^2\leqslant 1,x\geqslant 0,y\geqslant 0,z\geqslant 0$.

(6) $\iiint\limits_\Omega(x+y+z)\mathrm{d}v=3\iiint\limits_\Omega x\,\mathrm{d}v$,其中 $\Omega:x+y+z\leqslant 1,x\geqslant 0,y\geqslant 0,z\geqslant 0$.

解　(1) 不正确.因为只考虑了积分区域对称性,忽略了被积函数的奇偶性.这里积分区域关于 x 轴对称,而被积函数 $f(x,y)=xy$ 是变量 y 的奇函数,因此积分 $\iint\limits_D xy\,\mathrm{d}x\mathrm{d}y=0$.

(2) 正确.积分区域关于 y 轴对称,而被积函数 $f(x,y)=x\ln(x^2+y^2)$ 是变量 x 的奇函数,因此积分 $\iint\limits_D x\ln(x^2+y^2)\mathrm{d}\sigma=0$.

(3) 正确.此二重积分无法使用对称性,因为虽然积分区域关于 x 轴对称,但被积函数 $f(x,y)=x+y$ 对于 x,y 均为非奇、非偶函数.现将原式变形为

$$\iint\limits_D(x+y)\mathrm{d}x\mathrm{d}y=\iint\limits_D x\,\mathrm{d}x\mathrm{d}y+\iint\limits_D y\,\mathrm{d}x\mathrm{d}y,$$

则可以使用对称性得 $\iint\limits_D y\,\mathrm{d}x\mathrm{d}y=0$,但是积分区域关于 y 轴不对称,因此 $\iint\limits_D x\,\mathrm{d}x\mathrm{d}y$ 不能用对称性计算.

(4) 不正确. 因为 $f(x,y)$ 是一个抽象函数,因此无法考察它的奇偶性,于是上式不正确.

(5) $\iiint\limits_{\Omega} x\,\mathrm{d}v = 4\iiint\limits_{\Omega_1} x\,\mathrm{d}v$ 不正确,因为被积函数 $f(x,y,z)=x$ 是变量 x 的奇函数,积分区域 Ω 关于坐标面 yOz 对称,因此积分为 0. 而 $\iiint\limits_{\Omega} z\,\mathrm{d}v = 4\iiint\limits_{\Omega_1} z\,\mathrm{d}v$ 成立.

(6) 正确. 因为积分区域 Ω 对变量 x,y,z 具有轮换对称性,所以这里使用了轮换对称性,即有 $\iiint\limits_{\Omega} x\,\mathrm{d}v = \iiint\limits_{\Omega} y\,\mathrm{d}v = \iiint\limits_{\Omega} z\,\mathrm{d}v$,于是 $\iiint\limits_{\Omega}(x+y+z)\,\mathrm{d}v = 3\iiint\limits_{\Omega} x\,\mathrm{d}v$.

◇ 练习题 9-1

1. 设 D 是 xOy 平面上以坐标 $(-1,-1),(-1,1)$ 和 $(1,1)$ 为顶点的三角形区域,D_1 是 D 在第一象限的部分,则 $\iint\limits_{D}(xy+\cos x\sin y)\,\mathrm{d}\sigma = ($).

A. $2\iint\limits_{D_1} xy\,\mathrm{d}\sigma$ \qquad\qquad\qquad B. $2\iint\limits_{D_1}\cos x\sin y\,\mathrm{d}\sigma$

C. 0 \qquad\qquad\qquad D. $4\iint\limits_{D_1}(xy+\cos x\sin y)\,\mathrm{d}\sigma$

【练习题 9-1 答案】

1. B

2. 选择适当的积分次序计算二重积分

(1) 画出积分区域 D 的草图.

(2) 选择积分次序,并确定相应的积分上限和下限:一方面根据积分区域 D 的形状选择积分次序,以积分区域 D 不分块或少分块为准;另一方面根据被积函数 $f(x,y)$ 选择积分次序,以积分简便或能够进行积分为原则.

(3) 凡遇到有如下形式的积分:$\int\dfrac{\sin x}{x}\,\mathrm{d}x, \int\sin x^2\,\mathrm{d}x, \int\cos x^2\,\mathrm{d}x, \int \mathrm{e}^{\pm x^2}\,\mathrm{d}x, \int \mathrm{e}^{\frac{1}{x}}\,\mathrm{d}x,$ $\int\dfrac{\mathrm{d}x}{\ln x}$ 等,一定要将其放在后面积分中.

例 9-3 计算二重积分 $I = \iint\limits_{D} y\,\mathrm{d}\sigma$,其中 D 是由抛物线 $x=\sqrt{y}, x=\dfrac{1}{2}\sqrt{y}$ 和直线 $y=1$ 所围成的有界闭区域.

解 本题先对 x 积分后对 y 积分,这样计算较简单.

积分区域的不等式组为

$D:\begin{cases}\dfrac{\sqrt{y}}{2} \leqslant x \leqslant \sqrt{y} \\ 0 \leqslant y \leqslant 1\end{cases}$ (见图 9.7),

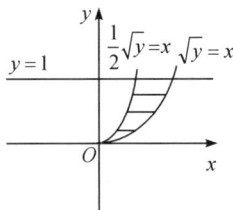

图 9.7

所以

$$I = \int_0^1 y\mathrm{d}y\int_{\frac{\sqrt{y}}{2}}^{\sqrt{y}}\mathrm{d}x$$

$$= \int_0^1 y\big[x\big]_{\frac{\sqrt{y}}{2}}^{\sqrt{y}}\mathrm{d}y$$

$$= \int_0^1 y\left(\sqrt{y} - \frac{\sqrt{y}}{2}\right)\mathrm{d}y$$

$$= \frac{1}{5}.$$

例 9-4 计算二重积分 $\iint\limits_D \dfrac{\sin x}{x}\mathrm{d}x\mathrm{d}y$,其中 D 是由直线 $y = x$ 及抛物线 $y = x^2$ 围成的有界闭区域.

解 根据被积函数特点,本题只能先对 y 积分,积分区域如图 9.8 所示,于是

$$\iint\limits_D \frac{\sin x}{x}\mathrm{d}x\mathrm{d}y = \int_0^1 \frac{\sin x}{x}\mathrm{d}x\int_{x^2}^x \mathrm{d}y$$

$$= \int_0^1 \frac{\sin x}{x}(x - x^2)\mathrm{d}x$$

$$= \int_0^1 (1 - x)\sin x\mathrm{d}x$$

$$= 1 - \sin 1.$$

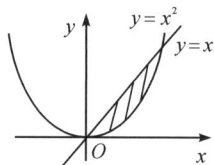

图 9.8

◇ **练习题 9-2**

1.计算二重积分 $\iint\limits_D \dfrac{x^2}{y^2}\mathrm{d}\sigma$,其中 D 是由曲线 $xy = 2$ 和抛物线 $y = 1 + x^2$,$x = 2$ 所围成的有界闭区域.

2.计算二重积分 $\iint\limits_D x\sin\dfrac{y}{x}\mathrm{d}\sigma$,其中 $D = \{(x,y) \mid 0 \leqslant y \leqslant x, 0 \leqslant x \leqslant 1\}$.

【**练习题 9-2 答案**】

1.$\dfrac{7}{8} + \arctan 2 - \dfrac{\pi}{4}$. 2.$\dfrac{1 - \cos 1}{3}$.

3. 交换积分次序计算二次积分

(1)由所给的二次积分的上下限写出表示积分区域 D 的不等式组;

(2)依不等式组画出积分区域 D 的草图;

(3)按照将二重积分化为二次积分的方法写出新的二次积分,并计算二次积分.

例 9 - 5 交换下列积分次序,并化为极坐标系下的二次积分.

$(1) I = \int_0^1 dx \int_0^{\sqrt{2x-x^2}} f(x,y) dy + \int_1^2 dx \int_0^{2-x} f(x,y) dy.$

$(2) I = \int_0^1 dy \int_{-y}^{\sqrt{y}} f(x,y) dx.$

解 (1)由先对 y 后对 x 的二次积分可以看出积分区域的不等式组为

$$D_1 : \begin{cases} 0 \leqslant y \leqslant \sqrt{2x-x^2}, \\ 0 \leqslant x \leqslant 1 \end{cases}, D_2 : \begin{cases} 0 \leqslant y \leqslant 2-x, \\ 1 \leqslant x \leqslant 2 \end{cases},$$

根据不等式组画出积分区域的草图,如图 9.9 所示,

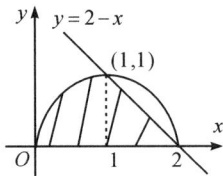

图 9.9

因此,先对 x 后对 y 的二次积分表示的积分区域的不等式组为

$$D : \begin{cases} 1 - \sqrt{1-y^2} \leqslant x \leqslant 2-y, \\ 0 \leqslant y \leqslant 1 \end{cases},$$

于是 $I = \int_0^1 dy \int_{1-\sqrt{1-y^2}}^{2-y} f(x,y) dx,$

且 $I = \int_0^{\frac{\pi}{4}} d\theta \int_0^{\frac{2}{\sin\theta+\cos\theta}} f(\rho\cos\theta, \rho\sin\theta) \rho d\rho + \int_{\frac{\pi}{4}}^{\frac{\pi}{2}} d\theta \int_0^{2\cos\theta} f(\rho\cos\theta, \rho\sin\theta) \rho d\rho.$

(2)画出积分区域的草图,如图 9.10 所示,

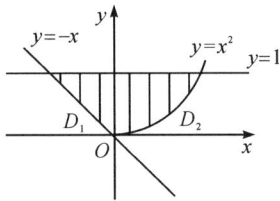

图 9.10

因此,先对 y 后对 x 的二次积分表示的积分区域的不等式组为

$$D_1 : \begin{cases} -x \leqslant y \leqslant 1, \\ -1 \leqslant x \leqslant 0 \end{cases}, D_2 : \begin{cases} x^2 \leqslant y \leqslant 1, \\ 0 \leqslant x \leqslant 1 \end{cases},$$

于是 $I = \int_{-1}^0 dx \int_{-x}^1 f(x,y) dy + \int_0^1 dx \int_{x^2}^1 f(x,y) dy,$ 化为极坐标系下的二次积分,积分区域边界曲线 $y = x^2$ 化为

$$\rho = \frac{\sin\theta}{\cos^2\theta} \left(0 \leqslant \theta \leqslant \frac{\pi}{4}\right),$$

直线 $y=1$ 化为 $\rho=\dfrac{1}{\sin\theta}\left(\dfrac{\pi}{4}\leqslant\theta\leqslant\dfrac{3\pi}{4}\right)$，于是

$$I=\int_0^{\frac{\pi}{4}}\mathrm{d}\theta\int_0^{\frac{\sin\theta}{\cos^2\theta}}f(\rho\cos\theta,\rho\sin\theta)\rho\mathrm{d}\rho+\int_{\frac{\pi}{4}}^{\frac{3\pi}{4}}\mathrm{d}\theta\int_0^{\frac{1}{\sin\theta}}f(\rho\cos\theta,\rho\sin\theta)\rho\mathrm{d}\rho.$$

◇ **练习题 9-3**

1. 交换积分次序 $\displaystyle\int_0^1\mathrm{d}y\int_0^{2y}f(x,y)\mathrm{d}x+\int_1^3\mathrm{d}y\int_0^{3-y}f(x,y)\mathrm{d}x$.

2. 计算二次积分 $\displaystyle\int_0^1\mathrm{d}x\int_x^1\mathrm{e}^{-y^2}\mathrm{d}y$.

【练习题 9-3 答案】

1. $\displaystyle\int_0^2\mathrm{d}x\int_{\frac{1}{2}x}^{3-x}f(x,y)\mathrm{d}y.$　2. $\dfrac{1-\mathrm{e}^{-1}}{2}.$

4. 选择适当的坐标计算二重积分

例 9-6　计算二重积分 $\displaystyle\iint\limits_D\sqrt{R^2-x^2-y^2}\mathrm{d}\sigma$，其中 D 是由圆周 $x^2+y^2=Ry$

所围成的闭区域.

解　利用极坐标计算，圆周 $x^2+y^2=Ry$ 的极坐标方程为 $\rho=R\sin\theta(0\leqslant\theta\leqslant\pi)$，

表示积分区域的不等式组为 $D:\begin{cases}0\leqslant\rho\leqslant R\sin\theta\\0\leqslant\theta\leqslant\pi\end{cases}$，于是

$$\begin{aligned}
\iint\limits_D\sqrt{R^2-x^2-y^2}\mathrm{d}\sigma&=\iint\limits_D\sqrt{R^2-\rho^2}\rho\mathrm{d}\rho\mathrm{d}\theta\\
&=\int_0^\pi\mathrm{d}\theta\int_0^{R\sin\theta}\sqrt{R^2-\rho^2}\rho\mathrm{d}\rho\\
&=-\frac{1}{3}\int_0^\pi\left[(R^2-\rho^2)^{\frac{3}{2}}\right]_0^{R\sin\theta}\mathrm{d}\theta\\
&=-\frac{1}{3}R^3\int_0^\pi(\mid\cos\theta\mid^3-1)\mathrm{d}\theta\\
&=\frac{1}{3}R^3\left(\pi-\frac{4}{3}\right).
\end{aligned}$$

例 9-7　计算二重积分 $\displaystyle\iint\limits_D(x^2+y^2)\mathrm{d}x\mathrm{d}y$，其中 D 是由直线 $y=x,y=x+a$，

$y=a,y=3a(a>0)$ 所围成的有界闭区域.

解　虽然被积函数是 x^2+y^2，但是根据积分区域的特点，使用直角坐标计算

较为简单，

于是　　　　$\displaystyle\iint\limits_{D}(x^2+y^2)\mathrm{d}x\mathrm{d}y = \int_a^{3a}\mathrm{d}y\int_{y-a}^{y}(x^2+y^2)\mathrm{d}x$

$\displaystyle\qquad\qquad\qquad\qquad\quad = \int_a^{3a}\left[\frac{x^3}{3}+y^2x\right]_{y-a}^{y}\mathrm{d}y$

$\displaystyle\qquad\qquad\qquad\qquad\quad = \int_a^{3a}\left(2ay^2-a^2y+\frac{a^3}{3}\right)\mathrm{d}y$

$\displaystyle\qquad\qquad\qquad\qquad\quad = 14a^4.$

◇ **练习题 9-4**

1.计算二重积分 $\displaystyle\iint\limits_{D}\sin\sqrt{x^2+y^2}\,\mathrm{d}\sigma$,其中 D 是圆环域: $\pi^2\leqslant x^2+y^2\leqslant 4\pi^2$.

2.计算二重积分 $\displaystyle\iint\limits_{D}\sqrt{x^2+y^2}\,\mathrm{d}\sigma$,其中 D 是由曲线 $x^2+y^2=4$, $x^2+y^2=2x$ 所围成的有界闭区域.

3.计算二重积分 $\displaystyle\iint\limits_{D}(x^2+y^2-x)\mathrm{d}\sigma$,其中 D 是由直线 $y=2$, $y=x$ 及 $y=2x$ 所围成的有界闭区域.

【练习题 9-4 答案】

1. $-6\pi^2$.　2. $\dfrac{16}{3}\pi-\dfrac{32}{9}$.　3. $\dfrac{13}{6}$.

5. 带有绝对值函数的二重积分的计算

例 9-8　计算二重积分 $\displaystyle\iint\limits_{D}\sqrt{|y-x^2|}\,\mathrm{d}x\mathrm{d}y$,其中积分区域为

$$D = \begin{cases} |x|\leqslant 1 \\ 0\leqslant y\leqslant 2 \end{cases}.$$

解　首先根据积分区域打开被积函数的绝对值,即

$$\sqrt{|y-x^2|} = \begin{cases} \sqrt{y-x^2}, & y\geqslant x^2, \\ \sqrt{x^2-y}, & y\leqslant x^2 \end{cases}$$

依被积函数,该积分将积分区域分为两部分

$D_1:\begin{cases} x^2\leqslant y\leqslant 2 \\ -1\leqslant x\leqslant 1 \end{cases}$, $D_2:\begin{cases} 0\leqslant y\leqslant x^2 \\ -1\leqslant x\leqslant 1 \end{cases}$,如图 9.11 所示,

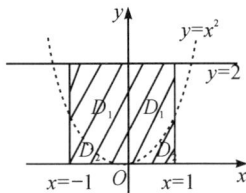

图 9.11

于是 $\displaystyle\iint\limits_{D} \sqrt{|y - x^2|}\,\mathrm{d}x\mathrm{d}y$

$$= \iint\limits_{D_1} \sqrt{y - x^2}\,\mathrm{d}x\mathrm{d}y + \iint\limits_{D_2} \sqrt{x^2 - y}\,\mathrm{d}x\mathrm{d}y$$

$$= \int_{-1}^{1} \mathrm{d}x \int_{x^2}^{2} \sqrt{y - x^2}\,\mathrm{d}y + \int_{-1}^{1} \mathrm{d}x \int_{0}^{x^2} \sqrt{x^2 - y}\,\mathrm{d}y$$

$$= \frac{2}{3}\int_{-1}^{1} (2 - x^2)^{\frac{3}{2}}\,\mathrm{d}x + \frac{2}{3}\int_{-1}^{1} (x^2)^{\frac{3}{2}}\,\mathrm{d}x$$

$$= \frac{5}{3} + \frac{\pi}{2}.$$

注:形如 $\displaystyle\iint\limits_{D} |f(x,y)|\,\mathrm{d}x\mathrm{d}y$ 的二重积分,令被积函数 $f(x,y) = 0$,则 $f(x,y) = 0$ 将积分区域 D 分为若干个积分区域,根据积分可加性,化为各区域上二重积分之和,与此同时所有绝对值符号都可以去掉.

※ **例 9 - 9** 计算 $\displaystyle\int_{-\infty}^{+\infty}\int_{-\infty}^{+\infty} \min\{x,y\}\mathrm{e}^{-x^2-y^2}\,\mathrm{d}x\mathrm{d}y$.

解 $f(x,y) = \min\{x,y\}\mathrm{e}^{-x^2-y^2} = \begin{cases} x\mathrm{e}^{-x^2-y^2}, & x < y(D_1) \\ y\mathrm{e}^{-x^2-y^2}, & x > y(D_2) \end{cases}$,

而 $\displaystyle\iint\limits_{D_1} x\mathrm{e}^{-x^2-y^2}\,\mathrm{d}x\mathrm{d}y = \int_{-\infty}^{+\infty}\mathrm{e}^{-y^2}\,\mathrm{d}y\int_{-\infty}^{y} x\mathrm{e}^{-x^2}\,\mathrm{d}x = -\frac{\sqrt{2\pi}}{4}$,

同理 $\displaystyle\iint\limits_{D_2} y\mathrm{e}^{-x^2-y^2}\,\mathrm{d}x\mathrm{d}y = -\frac{\sqrt{2\pi}}{4}$,

故 $\displaystyle\int_{-\infty}^{+\infty}\int_{-\infty}^{+\infty} \min\{x,y\}\mathrm{e}^{-x^2-y^2}\,\mathrm{d}x\mathrm{d}y = -\frac{\sqrt{2\pi}}{2}$.

◇ **练习题 9-5**

1.计算二重积分 $\displaystyle\iint\limits_{D} |x^2 + y^2 - 2|\,\mathrm{d}\sigma$,其中 D 是圆域 $x^2 + y^2 \leqslant 3$.

2.计算二重积分 $\displaystyle\iint\limits_{D} \max(xy, x^3)\,\mathrm{d}\sigma$,其中 $D = \{(x,y)\,|\,-1 \leqslant x \leqslant 1, 0 \leqslant y \leqslant 1\}$.

    1. 2.5π.   2. $\dfrac{1}{6}$.

6. 利用函数的奇偶性计算二重积分

例 9 - 10   计算二重积分 $I = \iint\limits_{D}(x+y)\mathrm{d}\sigma$，其中 D 是由抛物线 $y = x^2$，$y = 4x^2$ 和直线 $y = 1$ 所围成的有界闭区域.

    解   利用对称性，有

$$I = \iint\limits_{D}x\mathrm{d}\sigma + \iint\limits_{D}y\mathrm{d}\sigma = 2\iint\limits_{D_1}y\mathrm{d}\sigma,$$

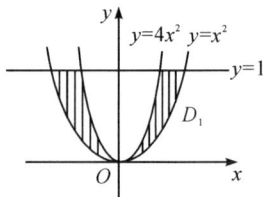

图 9.12

其中 D_1 是 D 关于 y 轴对称的一半区域，如图 9.12 所示. 该题用直角坐标计算，且先对 x 积分后对 y 积分简单，

所以
$$\begin{aligned}
I &= 2\int_0^1 y\mathrm{d}y\int_{\frac{\sqrt{y}}{2}}^{\sqrt{y}}\mathrm{d}x \\
&= 2\int_0^1 y\big[x\big]_{\frac{\sqrt{y}}{2}}^{\sqrt{y}}\mathrm{d}y \\
&= 2\int_0^1 y\Big(\sqrt{y} - \frac{\sqrt{y}}{2}\Big)\mathrm{d}y \\
&= \frac{2}{5}.
\end{aligned}$$

例 9 - 11   计算二重积分 $\iint\limits_{D}\ln(1+x^2+y^2)\mathrm{d}\sigma$，其中 $D = \{(x,y) \mid x^2 + y^2 \leqslant 1\}$.

    解 $\displaystyle\iint\limits_{D}\ln(1+x^2+y^2)\mathrm{d}\sigma = 4\iint\limits_{D_1}\ln(1+x^2+y^2)\mathrm{d}\sigma$

$$\begin{aligned}
&= 4\int_0^{\frac{\pi}{2}}\mathrm{d}\theta\int_0^1\ln(1+\rho^2)\rho\mathrm{d}\rho \\
&= \pi\int_0^1\ln(1+\rho^2)\mathrm{d}(1+\rho^2) \\
&= \pi\big[(1+\rho^2)\ln(1+\rho^2) - (1+\rho^2)\big]_0^1 \\
&= \pi(2\ln2 - 1).
\end{aligned}$$

◇ **练习题 9-6**

    1. 计算二重积分 $\iint\limits_{D}(x^2+y^2)^{\frac{3}{2}}\mathrm{d}\sigma$，$D = \{(x,y) \mid x^2 + y^2 \leqslant 1\}$.

    2. 计算二重积分 $\iint\limits_{D}\sqrt{1-x^2-y^2}\mathrm{d}\sigma$，$D = \{(x,y) \mid x^2 + y^2 \leqslant x\}$.

【练习题 9-6 答案】

1. $\dfrac{2}{5}\pi$.　2. $\dfrac{1}{3}\left(\pi - \dfrac{4}{3}\right)$.

※7. 三重积分化为三次积分

※ 例 9－12　把三重积分 $I = \iiint\limits_{\Omega} f(x,y,z)\mathrm{d}x\mathrm{d}y\mathrm{d}z$ 化为三次积分,其中积分

区域 Ω 是由曲面 $z = x^2 + y^2$, $y = x^2$ 及平面 $y = 1$, $z = 0$ 所围成的有界闭区域.

解　曲面所围成的闭区域如图 9.13 所示,该积分应先对 z 积分,再对 y 积分,
最后对 x 积分简单.

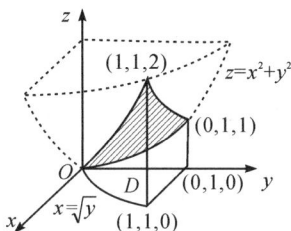

图 9.13

由于表示积分区域的不等式组为

$$\Omega:\begin{cases} 0 \leqslant z \leqslant x^2 + y^2 \\ x^2 \leqslant y \leqslant 1 \\ -1 \leqslant x \leqslant 1 \end{cases},$$

于是

$$I = \int_{-1}^{1} \mathrm{d}x \int_{x^2}^{1} \mathrm{d}y \int_{0}^{x^2+y^2} f(x,y,z)\mathrm{d}z.$$

※8. 三重积分的计算

※ 例 9－13　计算三重积分 $\iiint\limits_{\Omega}(y^2 + z^2)\mathrm{d}v$,其中积分区域 Ω 是由 xOy 平面

上曲线 $y^2 = 2x$ 绕 x 轴旋转而成的旋转曲面与平面 $x = 5$ 所围成的闭区域.

解　旋转曲面方程 $\Sigma: y^2 + z^2 = 2x$,该题利用柱坐标计算简单,只需将 x 坐标
与 z 坐标对换即可.

曲面 $\Sigma: y^2 + z^2 = 2x (0 \leqslant x \leqslant 5)$ 在 yOz 面上的投影域 $D_{yz}: y^2 + z^2 \leqslant 10$,

于是　　　　　$\iiint\limits_{\Omega}(y^2 + z^2)\mathrm{d}v = \iint\limits_{D}\rho^3\,\mathrm{d}\rho\,\mathrm{d}\theta\int_{\frac{\rho^2}{2}}^{5}\mathrm{d}x$

$$= \int_{0}^{2\pi}\mathrm{d}\theta\int_{0}^{\sqrt{10}}\rho^3\,\mathrm{d}\rho\int_{\frac{\rho^2}{2}}^{5}\mathrm{d}x$$

$$= 2\pi\int_{0}^{\sqrt{10}}\rho^3\left[x\right]_{\frac{\rho^2}{2}}^{5}\mathrm{d}\rho$$

$$= 2\pi \int_0^{\sqrt{10}} \left(5\rho^3 - \frac{\rho^5}{2}\right) d\rho$$

$$= \frac{250}{3}\pi.$$

※ 例 9-14 计算三重积分 $\iiint\limits_{\Omega}(x^2 + y^2 + z^2)dxdydz$，其中 Ω 是由上半圆锥面 $z = \sqrt{x^2 + y^2}$ 与上半球面 $z = \sqrt{a^2 - x^2 - y^2}$ 所围成的闭区域.

解 被积函数中含 $x^2 + y^2 + z^2$，积分区域由锥面及球面围成，因此利用球面坐标计算.

上半球面 $z = \sqrt{a^2 - x^2 - y^2}$ 的球坐标方程为 $r = a$，上半圆锥面 $z = \sqrt{x^2 + y^2}$ 的球坐标方程为 $\varphi = \frac{\pi}{4}$，则积分区域 Ω 可以表示为

$$\Omega = \left\{0 \leqslant \theta \leqslant 2\pi, 0 \leqslant \varphi \leqslant \frac{\pi}{4}, 0 \leqslant r \leqslant a\right\},$$

则有

$$\iiint\limits_{\Omega}(x^2 + y^2 + z^2)dxdydz = \int_0^{2\pi}d\theta\int_0^{\frac{\pi}{4}}d\varphi\int_0^a r^2 r^2 \sin\varphi dr$$

$$= 2\pi\int_0^{\frac{\pi}{4}}\sin\varphi d\varphi\frac{a^5}{5}$$

$$= \frac{\pi}{5}a^5(2 - \sqrt{2}).$$

※ 例 9-15 计算 $I = \iiint\limits_{\Omega}\frac{z\ln(x^2 + y^2 + z^2 + 1)}{x^2 + y^2 + z^2 + 1}dv$，其中 Ω 是由球面 $x^2 + y^2 + z^2 = 1$ 所围成的闭区域.

解 据被积函数及积分区域，该题利用球坐标计算简单.

曲面 $\Omega: x^2 + y^2 + z^2 = 1$ 的球坐标方程为 $r = 1$，

则表示积分区域的不等式组 $\Omega: \begin{cases} 0 \leqslant r \leqslant 1 \\ 0 \leqslant \varphi \leqslant \pi \\ 0 \leqslant \theta \leqslant 2\pi \end{cases}$，

于是

$$I = \iiint\limits_{\Omega}\frac{z\ln(x^2 + y^2 + z^2 + 1)}{x^2 + y^2 + z^2 + 1}dv$$

$$= \int_0^{2\pi}d\theta\int_0^{\pi}\cos\varphi\sin\varphi d\varphi\int_0^1\frac{r^3\ln(r^2 + 1)}{r^2 + 1}dr$$

$$= \int_0^{2\pi}d\theta\int_0^{\pi}\cos\varphi\sin\varphi d\varphi\int_0^1\frac{r^3\ln(r^2 + 1)}{r^2 + 1}dr$$

$$= 2\pi\left[\frac{1}{2}\sin^2\varphi\right]_0^{\pi}\int_0^1\frac{r^3\ln(r^2 + 1)}{r^2 + 1}dr$$

$$= 0.$$

◇ **练习题 9-7**

1. 计算三重积分 $\iiint\limits_{\Omega} xyz \mathrm{d}x\mathrm{d}y\mathrm{d}z$，其中 Ω 是由 $x = a(a > 0), y = x, z = y, z = 0$ 所围的闭区域．

2. 计算三重积分 $\iiint\limits_{\Omega} z\sqrt{x^2 + y^2}\mathrm{d}x\mathrm{d}y\mathrm{d}z$，其中积分区域 Ω 是由圆柱面 $y = \sqrt{2x - x^2}, z = 0, z = 1, y = 0$ 所围成的闭区域．

3. 计算三重积分 $\iiint\limits_{\Omega}(x^2 + y^2 + z^2)\mathrm{d}x\mathrm{d}y\mathrm{d}z$，其中 Ω 是由 $x^2 + y^2 + z^2 \leqslant 2z$ 所围成的闭区域．

【**练习题 9-7 答案**】

1. $\dfrac{a^6}{48}$.　　2. $\dfrac{8}{9}$.　　3. $\dfrac{32}{15}\pi$.

9. 重积分的应用

例 9 - 16　求由曲面 $z = 2 - x^2 - y^2$ 与 $z = 0$ 所围成立体的体积及表面积．

解　（1）先求立体的体积（见图 9.14）

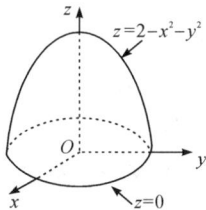

图 9.14

$$V = \iint\limits_{D}[2 - (x^2 + y^2)]\mathrm{d}x\mathrm{d}y,$$

积分区域 $D: x^2 + y^2 \leqslant 2$，利用极坐标计算简单，因此

$$V = \iint\limits_{D}(2 - \rho^2)\rho\mathrm{d}\rho\mathrm{d}\theta$$

$$= \int_0^{2\pi}\mathrm{d}\theta\int_0^{\sqrt{2}}(2\rho - \rho^3)\mathrm{d}\rho$$

$$= 2\pi.$$

（2）再求立体的表面积（见图 9.14）

因为 $A = A_{平面} + A_{抛物面}$，且它们在 xOy 面上的投影域均为

$$D_{xy} : x^2 + y^2 \leqslant 2,$$

又
$$dA_{平面} = \sqrt{1 + \left(\frac{\partial z}{\partial x}\right)^2 + \left(\frac{\partial z}{\partial y}\right)^2} \, dx dy$$
$$= dx dy,$$

所以
$$A_{平面} = \iint\limits_{D} dx dy$$
$$= \int_0^{2\pi} d\theta \int_0^{\sqrt{2}} r dr$$
$$= 2\pi,$$

又
$$dA_{抛物面} = \sqrt{1 + \left(\frac{\partial z}{\partial x}\right)^2 + \left(\frac{\partial z}{\partial y}\right)^2} \, dx dy$$
$$= \sqrt{1 + 4x^2 + 4y^2} \, dx dy,$$

所以
$$A_{抛物面} = \iint\limits_{D} \sqrt{1 + 4(x^2 + y^2)} \, dx dy$$
$$= \int_0^{2\pi} d\theta \int_0^{\sqrt{2}} \sqrt{1 + 4\rho^2} \rho d\rho$$
$$= \frac{13\pi}{3},$$

因此所要求的表面积为 $A = A_{平面} + A_{抛物面}$
$$= 2\pi + \frac{13}{3}\pi$$
$$= \frac{19}{3}\pi.$$

※ **例 9-17**   计算下列曲面面积.

（1）求球面 $x^2 + y^2 + z^2 = a^2$ 含在圆柱面 $x^2 + y^2 = ax$ 内部分曲面的面积（$a > 0$）.

（2）求圆柱面 $x^2 + y^2 = ax$ 含在球面 $x^2 + y^2 + z^2 = a^2$ 内部分曲面的面积（$a > 0$）.

解   （1）所求曲面的四分之一部分 A_1（见图 9.15）在 xOy 平面上的投影域为 $D : x^2 + y^2 \leqslant ax, x \geqslant 0$，

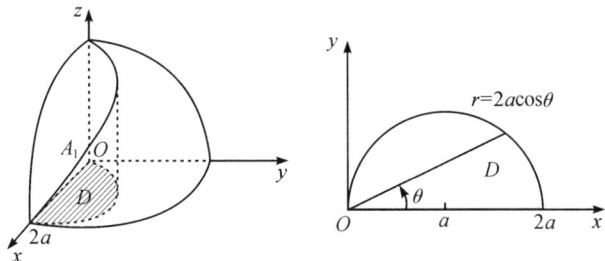

图 9.15

从方程 $x^2 + y^2 + z^2 = a^2$ 中解出

$$z = \sqrt{a^2 - x^2 - y^2},$$

所以

$$\frac{\partial z}{\partial x} = \frac{-x}{\sqrt{a^2 - x^2 - y^2}},$$

$$\frac{\partial z}{\partial y} = \frac{-y}{\sqrt{a^2 - x^2 - y^2}},$$

因此曲面的面积元素为

$$\mathrm{d}A_1 = \sqrt{1 + \left(\frac{\partial z}{\partial x}\right)^2 + \left(\frac{\partial z}{\partial y}\right)^2}\,\mathrm{d}x\mathrm{d}y$$

$$= \frac{a\,\mathrm{d}x\mathrm{d}y}{\sqrt{a^2 - x^2 - y^2}},$$

故

$$A = 4\iint_D \frac{a\,\mathrm{d}x\mathrm{d}y}{\sqrt{a^2 - x^2 - y^2}}$$

$$= 4a\int_0^{\frac{\pi}{2}} \mathrm{d}\theta \int_0^{a\cos\theta} \frac{\rho\mathrm{d}\rho}{\sqrt{a^2 - \rho^2}}$$

$$= 2a^2(\pi - 2).$$

（2）因为所求曲面垂直于 xOy 平面（见图 9.16），阴影部分是曲面 A 的四分之一，故该曲面不能投影到 xOy 面上，必须投影到 zOx 平面上或投影到 yOz 平面上，现投影到 zOx 平面上．

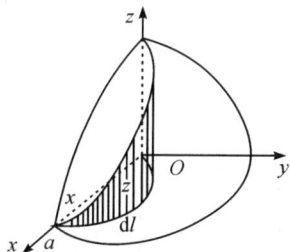

图 9.16

由方程组 $\begin{cases} x^2 + y^2 = ax \\ x^2 + y^2 + z^2 = a^2 \end{cases}$，消去 y 得投影域的边界曲线 $z^2 = a(a - x)$，

再求出面积元素，因为 $y = \pm\sqrt{ax - x^2}$，

所以 $\dfrac{\partial y}{\partial x} = \dfrac{a - 2x}{2\sqrt{ax - x^2}},\ \dfrac{\partial y}{\partial z} = 0$，

曲面的面积元素为

$$\mathrm{d}A_2 = \sqrt{1 + \left(\frac{\partial y}{\partial x}\right)^2 + \left(\frac{\partial y}{\partial z}\right)^2}\,\mathrm{d}x\mathrm{d}z$$

$$= \frac{a\,\mathrm{d}x\mathrm{d}z}{2\sqrt{ax - x^2}},$$

又因为 $A = 4A_2$，

所以
$$A = 4\iint\limits_{D} \frac{a\,\mathrm{d}x\mathrm{d}z}{2\sqrt{ax-x^2}}$$

$$= 2a\int_0^a \mathrm{d}x \int_0^{\sqrt{a^2-ax}} \frac{\mathrm{d}z}{\sqrt{ax-x^2}}$$

$$= 2a\int_0^a \frac{\sqrt{a^2-ax}}{\sqrt{ax-x^2}}\mathrm{d}x$$

$$= 4a^2.$$

例 9 - 18　求抛物线 $y = x^2$ 及直线 $y = 1$ 所围成的均匀薄片（面密度为 μ，见图 9.17）对于直线 $y = -1$ 的转动惯量.

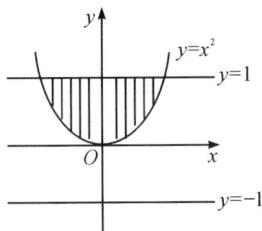

图 9.17

解　根据二重积分的物理应用
$$I = \iint\limits_{D} \mu(y+1)^2 \mathrm{d}x\mathrm{d}y$$

$$= \mu\int_{-1}^1 \mathrm{d}x \int_{x^2}^1 (y+1)^2 \mathrm{d}y$$

$$= \mu\int_{-1}^1 \frac{1}{3}\big[(y+1)^3\big]_{x^2}^1 \mathrm{d}x$$

$$= \frac{2}{3}\mu\int_0^1 \big[8 - (x^2+1)^3\big]\mathrm{d}x$$

$$= \frac{368}{105}\mu.$$

例 9 - 19　分别利用定积分、二重积分和三重积分三种方法求旋转抛物面 $z = x^2 + y^2$ 和平面 $z = a^2$ 所围成的空间区域的体积.

解　旋转抛物面 $z = x^2 + y^2$ 和平面 $z = a^2$ 所围成的空间区域为
$$\Omega = \{(x,y,z) \mid x^2 + y^2 \leqslant z \leqslant a^2, x^2 + y^2 \leqslant a^2\},$$

（1）用定积分计算

题设中的空间区域 Ω 是由 yOz 平面上的一条连续曲线弧 $y = f(x) = \sqrt{z}$ 及直线 $z = 0, z = a^2$ 及 z 轴围成的平面区域绕 z 轴旋转一周所得.

又因为垂直于 z 轴的截面面积为 $A(z) = \pi y^2 = \pi z$，于是

$$V = \int_0^{a^2} A(z) \mathrm{d}z$$

$$= \int_0^{a^2} \pi z \mathrm{d}z$$

$$= \frac{1}{2}\pi a^4.$$

（2）用二重积分计算

题设中的旋转体的体积 V 等于以抛物面 $z = x^2 + y^2$ 为底，平面 $z = a^2$ 为顶的立体体积，

旋转体在 xOy 平面上的投影域为 $D : x^2 + y^2 \leqslant a^2$，于是

$$V = \iint_D (a^2 - x^2 - y^2) \mathrm{d}x \mathrm{d}y$$

$$= \int_0^{2\pi} \mathrm{d}\theta \int_0^a (a^2 - \rho^2) \rho \mathrm{d}\rho$$

$$= 2\pi \left[\frac{1}{2} a^2 \rho^2 - \frac{1}{4} \rho^4 \right]_0^a$$

$$= \frac{1}{2}\pi a^4.$$

※（3）用三重积分计算

$$V = \iiint_\Omega \mathrm{d}v = \iiint_\Omega \rho \mathrm{d}z \mathrm{d}\rho \mathrm{d}\theta$$

$$= \int_0^{2\pi} \mathrm{d}\theta \int_0^a \rho \mathrm{d}\rho \int_{\rho^2}^{a^2} \mathrm{d}z$$

$$= 2\pi \int_0^a \rho(a^2 - \rho^2) \mathrm{d}\rho$$

$$= \frac{\pi}{2} a^4.$$

◇ **练习题 9-8**

1. 求由曲面 $z = 2 - x^2 - y^2$ 与 $z = x^2 + y^2$ 所围成的立体的体积.

※2. 已知密度函数 $\mu(x, y, z) = x^2 + y^2 + z^2$，求由上半圆锥面 $z = \sqrt{x^2 + y^2}$ 与上半球面 $z = \sqrt{1 - x^2 - y^2}$ 所围成的立体的质量.

3. 求上半锥面 $z = \sqrt{x^2 + y^2}$ 包含在圆柱面 $x^2 + y^2 = 2x$ 内的部分面积.

4.求由曲面 $z=x^2+y^2$，$x^2+y^2=a^2$，$z=0$ 所围成的立体的体积.

5.求由曲面 $x^2+y^2+z^2=4$，$3z=x^2+y^2$（含 z 轴的部分）所围成的立体的体积.

【练习题 9-8 答案】

1. π.   2. $\dfrac{\pi}{5}(2-\sqrt{2})$.   3. $\sqrt{2}\pi$.   4. $\dfrac{\pi}{2}a^4$.   5. $\dfrac{19}{6}\pi$.

三、练习题

（一）单项选择题

1.设 $I_1=\iint\limits_{D}(x+y)^2\mathrm{d}\sigma$，$I_2=\iint\limits_{D}(x+y)^3\mathrm{d}\sigma$，其中 $D:(x-2)^2+(y-1)^2\leqslant 1$，则（   ）.

    A. $I_1>I_2$ B. $I_1<I_2$ C. $I_1=I_2$ D. 不能比较

2.设平面域 D 由曲线 $x=-\sqrt{y}$，$y=\sqrt{x}$ 及 $y=1$ 围成，则 $I=\iint\limits_{D}f(x,y)\mathrm{d}\sigma=$（   ）.

    A. $\displaystyle\int_{-1}^{1}\mathrm{d}x\int_{\sqrt{x}}^{1}f(x,y)\mathrm{d}y$ B. $\displaystyle\int_{0}^{1}\mathrm{d}y\int_{-\sqrt{y}}^{y^2}f(x,y)\mathrm{d}x$

    C. $\displaystyle\int_{0}^{1}\mathrm{d}y\int_{-1}^{1}f(x,y)\mathrm{d}x$ D. $\displaystyle\int_{-1}^{1}\mathrm{d}x\int_{x^2}^{1}f(x,y)\mathrm{d}y$

3.设 $D:x^2+y^2\leqslant 1$，则 $I=\iint\limits_{D}\mathrm{e}^{-x^2-y^2}\mathrm{d}x\mathrm{d}y$ 化为极坐标下的二次积分是（   ）.

    A. $\displaystyle\int_{0}^{2\pi}\mathrm{d}\theta\int_{0}^{1}\mathrm{e}^{-\rho^2}\mathrm{d}\rho$ B. $4\displaystyle\int_{0}^{2\pi}\mathrm{d}\theta\int_{0}^{1}\mathrm{e}^{-\rho^2}\mathrm{d}\rho$

    C. $2\displaystyle\int_{0}^{2\pi}\mathrm{d}\theta\int_{0}^{1}\mathrm{e}^{-\rho^2}\mathrm{d}\rho$ D. $\displaystyle\int_{0}^{2\pi}\mathrm{d}\theta\int_{0}^{1}\mathrm{e}^{-\rho^2}\rho\mathrm{d}\rho$

4.设 $D:x^2+y^2\leqslant 1$，$D_1:x^2+y^2\leqslant 1$，$x\geqslant 0$，$y\geqslant 0$，则下列成立的式子是（   ）.

    A. $\iint\limits_{D}(1-x^2-y^2)\mathrm{d}x\mathrm{d}y=4\iint\limits_{D_1}(1-x^2-y^2)\mathrm{d}x\mathrm{d}y$

    B. $\iint\limits_{D}(4-x-y)\mathrm{d}x\mathrm{d}y=4\iint\limits_{D_1}(4-x-y)\mathrm{d}x\mathrm{d}y$

C. $\iint\limits_{D}(1-x^2-y^2)\mathrm{d}x\mathrm{d}y = 2\iint\limits_{D_1}(1-x^2-y^2)\mathrm{d}x\mathrm{d}y$

D. $\iint\limits_{D}(4-x-y)\mathrm{d}x\mathrm{d}y = 0$

5. 设两圆周 $\rho = 2\sin\theta$ 及 $\rho = 4\sin\theta$ 之间的均匀薄片的中心坐标为 $(\bar{x},\bar{y})$，则 $\bar{x} = 0, \bar{y} = ($　　$)$.

　　A. $\displaystyle\int_0^\pi \mathrm{d}\theta \int_{2\sin\theta}^{4\sin\theta} \rho^2 \sin\theta \mathrm{d}\rho$　　　　　　　　　B. $\displaystyle\int_0^{2\pi} \mathrm{d}\theta \int_{2\sin\theta}^{4\sin\theta} \rho^2 \sin\theta \mathrm{d}\rho$

　　C. $\displaystyle\frac{1}{3\pi}\int_0^\pi \mathrm{d}\theta \int_{2\sin\theta}^{4\sin\theta} \rho^2 \sin\theta \mathrm{d}\rho$　　　　　D. $\displaystyle\frac{1}{3\pi}\int_0^{2\pi} \mathrm{d}\theta \int_{2\sin\theta}^{4\sin\theta} \rho^2 \sin\theta \mathrm{d}\rho$

6. 二次积分 $I = \displaystyle\int_0^{\frac{\pi}{2}} \mathrm{d}\theta \int_0^{\cos\theta} f(\rho\cos\theta,\rho\sin\theta)\rho \mathrm{d}\rho$ 可写成 $($　　$)$.

　　A. $\displaystyle\int_0^1 \mathrm{d}y \int_0^{\sqrt{y-y^2}} f(x,y)\mathrm{d}x$　　　　　　B. $\displaystyle\int_0^1 \mathrm{d}y \int_0^{\sqrt{1-y^2}} f(x,y)\mathrm{d}x$

　　C. $\displaystyle\int_0^1 \mathrm{d}x \int_0^1 f(x,y)\mathrm{d}y$　　　　　　　　D. $\displaystyle\int_0^1 \mathrm{d}x \int_0^{\sqrt{x-x^2}} f(x,y)\mathrm{d}y$

7. 设 $D = \{(x,y) \mid 0 \leqslant y \leqslant x, 0 \leqslant x \leqslant \pi\}$，则二重积分 $\iint\limits_{D} \sqrt{1-\sin^2 x}\,\mathrm{d}\sigma = ($　　$)$.

　　A. 0　　　　　　　　B. $\dfrac{\pi}{2}$　　　　　　　　C. 2　　　　　　　　D. π

8. 积分 $\displaystyle\int_0^2 \mathrm{d}x \int_{\sqrt{2x-x^2}}^{\sqrt{4-x^2}} f(x,y)\mathrm{d}y$ 在极坐标系下的二次积分为 $($　　$)$.

　　A. $\displaystyle\int_0^{\frac{\pi}{2}} \mathrm{d}\theta \int_{2\cos\theta}^2 f(\rho\cos\theta,\rho\sin\theta)\rho \mathrm{d}\rho$　　　B. $\displaystyle\int_0^{\frac{\pi}{2}} \mathrm{d}\theta \int_2^{2\cos\theta} f(\rho\cos\theta,\rho\sin\theta)\rho \mathrm{d}\rho$

　　C. $\displaystyle\int_0^{\pi} \mathrm{d}\theta \int_{2\cos\theta}^2 f(\rho\cos\theta,\rho\sin\theta)\rho \mathrm{d}\rho$　　　D. $\displaystyle\int_0^{\pi} \mathrm{d}\theta \int_2^{2\cos\theta} f(\rho\cos\theta,\rho\sin\theta)\rho \mathrm{d}\rho$

9. 若 $\iint\limits_{D} f(x,y)\mathrm{d}x\mathrm{d}y = \displaystyle\int_{-\frac{\pi}{2}}^{\frac{\pi}{2}} \mathrm{d}\theta \int_0^{a\cos\theta} f(\rho\cos\theta,\rho\sin\theta)\rho \mathrm{d}\rho$，其中 $a > 0$ 为常数，则区域 D 是 $($　　$)$.

　　A. $\{(x,y) \mid x^2+y^2 \leqslant a^2\}$　　　　　B. $\{(x,y) \mid x^2+y^2 \leqslant ax\}$

　　C. $\{(x,y) \mid x^2+y^2 \leqslant a^2, x \geqslant 0\}$　　　D. $\{(x,y) \mid x^2+y^2 \leqslant ay\}$

10. 设 D 是由直线 $x = -1, y = 1$ 与曲线 $y = x^3$ 围成的平面区域，D_1 是 D 在第一象限的部分，则 $I = \iint\limits_{D}(xy + \mathrm{e}^{x^2}\sin y)\mathrm{d}\sigma = ($　　$)$.

　　A. $2\iint\limits_{D_1} xy\mathrm{d}\sigma$　　　　B. $2\iint\limits_{D_1} \mathrm{e}^{x^2}\sin y\mathrm{d}\sigma$　　　C. $4\iint\limits_{D_1}(xy + \mathrm{e}^{x^2}\sin y)\mathrm{d}\sigma$　　　D. 0

（二）填空题

1.设函数 $f(x,y) \geqslant 0$ 在 xOy 平面的某区域 D 上连续,则以 D 为底,以 $z = f(x,y)$ 为顶的曲顶柱体的体积为_____.

2.若平面薄片的面密度 $\mu(x,y)$ 在所占闭区域 D 上连续,则平面薄片的质量为_____.

3.设 $D:x^2 + y^2 \leqslant 2x$,则在直角坐标系下把二重积分 $\iint\limits_D f(x,y)\mathrm{d}x\mathrm{d}y$ 化为先 y 后 x 的二次积分是_____.

4.设 $D:x^2 + y^2 \leqslant 2x$,则在极坐标系下把二重积分 $\iint\limits_D f(x,y)\mathrm{d}x\mathrm{d}y$ 化为先 ρ 后 θ 的二次积分是_____.

5.变换积分次序 $\int_0^a \mathrm{d}y \int_0^y f(x)\mathrm{d}x = $ _____.

6.交换积分次序 $\int_0^1 \mathrm{d}y \int_{-y}^y f(x,y)\mathrm{d}x = $ _____.

7.设 D 是由两条抛物线 $y = \sqrt{x}, y = x^2$ 所围成的闭区域,则 $\iint\limits_D x\sqrt{y}\mathrm{d}\sigma = $ _____.

8.设 D 是由 $xy = 2, y = 1 + x^2, x = 2$ 所围成的闭区域,则 $\iint\limits_D \dfrac{x^2}{y^2}\mathrm{d}x\mathrm{d}y = $ _____.

9.设 $D:x^2 + y^2 \leqslant R^2, x \geqslant 0, y \geqslant 0$,则 $\iint\limits_D \sqrt{R^2 - x^2 - y^2}\mathrm{d}\sigma = $ _____.

10.设 D 为由 $\sqrt{2x - x^2} \leqslant y \leqslant \sqrt{4 - x^2}$ 所确定的区域,则 $\iint\limits_D (x^2 + y^2)\mathrm{d}\sigma = $ _____.

（三）二重积分的计算

1.$\iint\limits_D (x + y)\mathrm{d}x\mathrm{d}y$,其中 D 为曲线 $y = x^2, y = 4x^2$ 及直线 $y = 1$ 所围成的平面区域.

2.$\iint\limits_D \mathrm{e}^{-y^2}\mathrm{d}x\mathrm{d}y$,其中 D 是由直线 $y = x, y = 1$ 及 $x = 0$ 所围成的平面闭区域.

3. $\iint\limits_{D} xy \, \mathrm{d}x\mathrm{d}y$, 其中 D 是曲线 $x^2+y^2=2ay$, $x^2+y^2=2by$ 与直线 $x=0$ 及 $y=x$ 所围成的平面区域 $(b>a>0)$.

4. $\iint\limits_{D} \sqrt{4a^2-x^2-y^2} \, \mathrm{d}\sigma$, 其中 $D = \{(x,y) \mid x^2+y^2 \leqslant 2ay\}$.

5. $I = \iint\limits_{D} |xy-1| \, \mathrm{d}x\mathrm{d}y$, 其中 $D = \{(x,y) \mid 0 \leqslant x \leqslant 2, 0 \leqslant y \leqslant 2\}$.

6. $I = \iint\limits_{D} (|x|+|y|) \, \mathrm{d}x\mathrm{d}y$, 其中 $D = \{(x,y) \mid |x|+|y| \leqslant 1\}$.

（四）二重积分的应用

1. 求由曲面 $z=3-2x^2-y^2$ 与 $z=x^2+2y^2$ 所围成立体的体积.

2. 求由椭圆抛物面 $z=x^2+2y^2$ 和抛物柱面 $z=2-x^2$ 所围成的立体的体积.

3. 由曲线 $y=\mathrm{e}^x, x=0, y=0, x=1$ 所围的平面薄片,其上任意一点 (x,y) 的面密度与该点的横坐标成正比,比例常数为 $k>0$,求薄片的质心.

4. 设一均匀的直角三角形薄板,两直角边长分别为 a,b,试求这个三角形对其直角边的转动惯量.

5.均匀半圆形薄片的直径上,要接上一个一边与直径等长的均匀矩形薄片,如图 9.18 所示,为了使整个均匀薄片的质心恰好落在圆心上,问接上去的均匀矩形薄片另一边的长度应是多少?

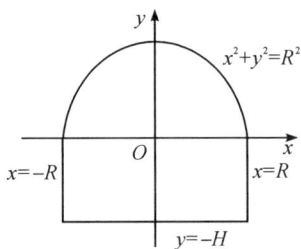

图 9.18

【练习题答案】

(一)1. B　2. B　3. D　4. A　5. C　6. D　7. D　8. A　9. B　10. B

(二) 1. $\iint\limits_{D} f(x,y)\mathrm{d}\sigma$　2. $\iint\limits_{D} \mu(x,y)\mathrm{d}\sigma$　3. $\int_0^2 \mathrm{d}x \int_{-\sqrt{2x-x^2}}^{\sqrt{2x-x^2}} f(x,y)\mathrm{d}y$

4. $\int_{-\frac{\pi}{2}}^{\frac{\pi}{2}} \mathrm{d}\theta \int_0^{2\cos\theta} f(\rho\cos\theta,\rho\sin\theta)\rho\mathrm{d}\rho$

5. $\int_0^a (a-x) f(x)\mathrm{d}x$

6. $\int_{-1}^0 \mathrm{d}x \int_{-x}^1 f(x,y)\mathrm{d}y + \int_0^1 \mathrm{d}x \int_x^1 f(x,y)\mathrm{d}y$

7. $\dfrac{6}{55}$　8. $\dfrac{7}{8} - \dfrac{\pi}{4} + \arctan 2$

9. $\dfrac{1}{6}\pi R^3$　10. $\dfrac{5}{4}\pi$

(三) 1. $\dfrac{2}{5}$.　2. $\dfrac{1}{2}\left(1 - \dfrac{1}{e}\right)$.　3. $\dfrac{7}{12}(b^4 - a^4)$.

4. $\left(\dfrac{8}{3}\pi - \dfrac{32}{9}\right)a^3$.　5. $\dfrac{3}{2} + 2\ln 2$.　6. $\dfrac{4}{3}$.

(四) 1. $\dfrac{3\pi}{2}$.　2. π.　3. $\overline{x} = e - 2, \overline{y} = \dfrac{e^2+1}{8}$.

4. $I_x = \dfrac{1}{12}ab^3, I_y = \dfrac{1}{12}a^3 b$.　5. $H = \sqrt{\dfrac{2}{3}}R$.

第十章

曲线积分

一、内容摘要

（一）曲线积分

1. 曲线积分的概念

（1）对弧长的曲线积分

① 定义：设函数 $f(x,y)$ 在 xOy 面内的一条光滑曲线弧 L 上有界，通过分割、近似、求和、取极限得到和的极限就是对弧长的曲线积分，即

$$\int_L f(x,y)\mathrm{d}s = \lim_{\lambda \to 0} \sum_{i=1}^{n} f(\xi_i, \eta_i) \Delta s_i.$$

② 性质：(i) 与积分路径的方向无关，即

$$\int_L f(x,y)\mathrm{d}s = \int_{L^{-1}} f(x,y)\mathrm{d}s.$$

(ii) 可加性，即

若 $L = L_1 + L_2$，则

$$\int_L f(x,y)\mathrm{d}s = \int_{L_1} f(x,y)\mathrm{d}s + \int_{L_2} f(x,y)\mathrm{d}s.$$

③ 几何应用：(i) 曲线 L 的长度 $s = \int_L \mathrm{d}s.$

(ii) 由曲线 L 所围成的区域 D 的面积 $A = \dfrac{1}{2} \oint_L x\,\mathrm{d}y - y\,\mathrm{d}x.$

④ 物理应用：线密度为 $\mu(x,y)$ 的曲线形构件.

(i) 质量：$M = \int_L \mu(x,y)\mathrm{d}s$；

(ii) 重心坐标：$\bar{x} = \dfrac{\displaystyle\int_L x\mu(x,y)\mathrm{d}s}{\displaystyle\int_L \mu(x,y)\mathrm{d}s}, \bar{y} = \dfrac{\displaystyle\int_L y\mu(x,y)\mathrm{d}s}{\displaystyle\int_L \mu(x,y)\mathrm{d}s}$；

(iii) 转动惯量：$I_x = \displaystyle\int_L y^2\mu(x,y)\mathrm{d}s$（关于 x 轴的转动惯量），

$$I_y = \int_L x^2\mu(x,y)\mathrm{d}s（关于 y 轴的转动惯量），$$

$$I_O = \int_L (x^2 + y^2)\mu(x,y)\mathrm{d}s（关于坐标原点的转动惯量）.$$

（2）对坐标的曲线积分

① 定义：设 L 为 xOy 面上从点 A 到点 B 的一条有向光滑曲线弧，函数 $P(x,y)$，$Q(x,y)$ 在 L 上有界，通过分割、近似、求和、取极限得到和的极限就是对坐标的曲线积分，即

$$\int_L P(x,y)\mathrm{d}x + Q(x,y)\mathrm{d}y = \lim_{\lambda\to 0}\sum_{i=1}^{n} P(\xi_i,\eta_i)\Delta x_i + Q(\xi_i,\eta_i)\Delta y_i.$$

② 性质：(i) 与积分路径的方向有关，即

$$\int_L P\mathrm{d}x + Q\mathrm{d}y = -\int_{L^{-1}} P\mathrm{d}x + Q\mathrm{d}y.$$

(ii) 可加性，即

若 $L = L_1 + L_2$，则

$$\int_L P\mathrm{d}x + Q\mathrm{d}y = \int_{L_1} P\mathrm{d}x + Q\mathrm{d}y + \int_{L_2} P\mathrm{d}x + Q\mathrm{d}y.$$

③ 物理应用：变力 $\boldsymbol{F} = P(x,y)\boldsymbol{i} + Q(x,y)\boldsymbol{j}$ 沿曲线 L 所做功为

$$W = \int_L \boldsymbol{F} \cdot \mathrm{d}\boldsymbol{s}$$

$$= \int_L (P\boldsymbol{i} + Q\boldsymbol{j}) \cdot (\mathrm{d}x\boldsymbol{i} + \mathrm{d}y\boldsymbol{j})$$

$$= \int_L P\mathrm{d}x + Q\mathrm{d}y.$$

（3）空间曲线 Γ 的情况

① 对弧长的曲线积分：$\displaystyle\int_\Gamma f(x,y,z)\mathrm{d}s = \lim_{\lambda\to 0}\sum_{i=1}^{n} f(\xi_i,\eta_i,\tau_i)\Delta s_i.$

② 对坐标的曲线积分：

$$\int_\Gamma P\mathrm{d}x + Q\mathrm{d}y + R\mathrm{d}z = \lim_{\lambda\to 0}\sum_{i=1}^{n}\left[P(\xi_i,\eta_i,\tau_i)\Delta x_i + Q(\xi_i,\eta_i,\tau_i)\Delta y_i + R(\xi_i,\eta_i,\tau_i)\Delta z_i\right].$$

③ 空间曲线 Γ 上的线积分与平面曲线 L 上的线积分具有类似的性质和应用，但平面图形面积的计算和格林公式仅适用于平面曲线 L 上的线积分.

（4）两种曲线积分联系

① 设平面曲线 L 在点 (x,y) 的切向量方向余弦为 $\cos\alpha,\cos\beta$，则

$$\int_L P(x,y)\mathrm{d}x + Q(x,y)\mathrm{d}y = \int_L (P\cos\alpha + Q\cos\beta)\mathrm{d}s.$$

② 设空间曲线 Γ 在点 (x,y,z) 的切向量方向余弦为 $\cos\alpha,\cos\beta,\cos\gamma$，则

$$\int_\Gamma P(x,y,z)\mathrm{d}x + Q(x,y,z)\mathrm{d}y + R(x,y,z)\mathrm{d}z = \int_\Gamma (P\cos\alpha + Q\cos\beta + R\cos\gamma)\mathrm{d}s.$$

（5）曲线积分与路径无关的等价条件（设 G 是单连通区域，且 $\dfrac{\partial P}{\partial y},\dfrac{\partial Q}{\partial x}$ 在 G 内连续）

① 曲线积分 $\displaystyle\int_L P(x,y)\mathrm{d}x + Q(x,y)\mathrm{d}y$ 在 G 内与积分路径无关；

② $\Leftrightarrow$ 在 G 内 $\dfrac{\partial P}{\partial y} = \dfrac{\partial Q}{\partial x}$ 恒成立；

③ $\Leftrightarrow$ $\displaystyle\oint_L P\mathrm{d}x + Q\mathrm{d}y = 0$，其中 L 为 G 内任一闭曲线；

④ $\Leftrightarrow$ 在 G 内存在函数 $u(x,y)$，使得全微分 $\mathrm{d}u(x,y) = P\mathrm{d}x + Q\mathrm{d}y$.

（6）全微分方程

微分方程 $P(x,y)\mathrm{d}x + Q(x,y)\mathrm{d}y = 0$ 满足 $\dfrac{\partial P}{\partial y} = \dfrac{\partial Q}{\partial x}$.

2. 曲线积分的计算方法

（1）对弧长的曲线积分的计算：利用参数方程转化为定积分.

① 当积分曲线弧参数方程为 $L:\begin{cases} x = \varphi(t) \\ y = \psi(t) \end{cases}(\alpha \leqslant t \leqslant \beta)$，则

$$\int_L f(x,y)\mathrm{d}s = \int_\alpha^\beta f(\varphi(t),\psi(t))\sqrt{\varphi'^2(t) + \psi'^2(t)}\mathrm{d}t(\alpha < \beta).$$

② 当积分曲线弧直角坐标方程为 $L:y = \varphi(x),a \leqslant x \leqslant b$，则

$$\int_L f(x,y)\mathrm{d}s = \int_a^b f(x,\varphi(x))\sqrt{1 + \varphi'^2(x)}\mathrm{d}x(将\ x\ 看作参数).$$

③ 当积分曲线弧直角坐标方程为 $L:x = \psi(y),c \leqslant y \leqslant d$，则

$$\int_L f(x,y)\mathrm{d}s = \int_c^d f(\psi(y),y)\sqrt{1 + \psi'^2(y)}\mathrm{d}y(将\ y\ 看作参数).$$

④ 当空间积分曲线弧参数方程为 $\Gamma:x = \varphi(t),y = \psi(t),z = w(t),\alpha \leqslant t \leqslant \beta$，则

$$\int_\Gamma f(x,y,z)\mathrm{d}s = \int_\alpha^\beta f(\varphi(t),\psi(t),w(t))\sqrt{\varphi'^2(t) + \psi'^2(t) + w'^2(t)}\mathrm{d}t.$$

⑤ 当积分曲线弧极坐标方程为 $L:\rho = \rho(\theta),\alpha \leqslant \theta \leqslant \beta$，由直角坐标与极坐标关系，得：

$$\begin{cases} x = \rho\cos\theta = \rho(\theta)\cos\theta \\ y = \rho\sin\theta = \rho(\theta)\sin\theta \end{cases},$$

将 θ 看作参数,则

$$\int_L f(x,y)\mathrm{d}s = \int_\alpha^\beta f(\rho\cos\theta,\rho\sin\theta)\sqrt{\rho'^2(\theta)+\rho^2(\theta)}\,\mathrm{d}\theta.$$

注:由于弧长微分 $\mathrm{d}s > 0$,故定积分中的积分变量 t 必须从小积到大,即积分的下限一定小于积分的上限.

(2)对坐标的曲线积分:利用参数方程转化为定积分或利用格林公式化为二重积分.

① 若曲线 L 的参数方程为 $\begin{cases} x = \varphi(t) \\ y = \psi(t) \end{cases}$,参数 t 单调地由 α 变到 β,则

$$\int_L P(x,y)\mathrm{d}x + Q(x,y)\mathrm{d}y = \int_\alpha^\beta [P(\varphi(t),\psi(t))\varphi'(t) + Q(\varphi(t),\psi(t))\psi'(t)]\mathrm{d}t.$$

注:① 上式积分限的下限 α 不一定小于积分上限 β,α 对应于曲线 L 起点,β 对应于曲线 L 终点.

② 若参数 t 不满足单调地变化,则利用积分的可加性,需要将积分曲线 L 分成若干段,使得在每一段曲线内积分参数 t 单调地变化.

② 若积分曲线直角坐标方程为 $L:y = \varphi(x)$,x 单调地由 a 变到 b,则

$$\int_L P(x,y)\mathrm{d}x + Q(x,y)\mathrm{d}y = \int_a^b [P(x,\varphi(x)) + Q(x,\varphi(x))\varphi'(x)]\mathrm{d}x.$$

③ 若积分曲线直角坐标方程为 $L:x = \psi(y)$,y 单调地由 c 变到 d,则

$$\int_L P(x,y)\mathrm{d}x + Q(x,y)\mathrm{d}y = \int_c^d [P(\psi(y),y)\psi'(y) + Q(\psi(y),y)]\mathrm{d}y.$$

④ 若空间曲线 Γ 参数方程为 $x = \varphi(t)$,$y = \psi(t)$,$z = w(t)$,参数 t 单调地由 α 变到 β,则

$$\int_\Gamma P\mathrm{d}x + Q\mathrm{d}y + R\mathrm{d}z$$

$$= \int_\alpha^\beta [P(\varphi(t),\psi(t),w(t))\varphi'(t) + Q(\varphi(t),\psi(t),w(t))\psi'(t) +$$

$$R(\varphi(t),\psi(t),w(t))w'(t)]\mathrm{d}t.$$

⑤ 当 $\dfrac{\partial P}{\partial y} = \dfrac{\partial Q}{\partial x}$ 时,曲线积分与路径无关,可选折线 L^*(平行于坐标轴的直线)积分,即

$$\int_L P(x,y)\mathrm{d}x + Q(x,y)\mathrm{d}y = \int_{L^*} P(x,y)\mathrm{d}x + Q(x,y)\mathrm{d}y.$$

⑥ 应用格林公式化为二重积分计算.

上述对坐标曲线积分的计算可总结如下:

$$\int_L P\,\mathrm{d}x + Q\,\mathrm{d}y \Rightarrow \frac{\partial P}{\partial y} \overset{?}{=} \frac{\partial Q}{\partial x}$$

yes ⟹

① 当 L 不封闭,沿着折线积分,即

$$I = \int_{x_0}^{x} P(x,y_0)\,\mathrm{d}x + \int_{y_0}^{y} Q(x,y)\,\mathrm{d}y.$$

② 当 L 封闭,沿闭曲线积分为零,即

$$I = \oint P\,\mathrm{d}x + Q\,\mathrm{d}y = 0.$$

no ⟹

① 当曲线 L 封闭,利用格林公式 $I = \iint\limits_{D} \left(\frac{\partial Q}{\partial x} - \frac{\partial P}{\partial y}\right)\mathrm{d}x\mathrm{d}y.$

② 当 $L+L'$ 封闭,则 $I = \oint\limits_{L+L'} P\,\mathrm{d}x + Q\,\mathrm{d}y - \int_{L'} P\,\mathrm{d}x + Q\,\mathrm{d}y$

$$= \iint\limits_{D} \left(\frac{\partial Q}{\partial x} - \frac{\partial P}{\partial y}\right)\mathrm{d}x\mathrm{d}y - \int_{L'} P\,\mathrm{d}x + Q\,\mathrm{d}y.$$

③ 化为定积分,曲线 L 参数方程 $\begin{cases} x = \varphi(t) \\ y = \psi(t) \end{cases}, t:\alpha \to \beta$,则有定积分

$$I = \int_{\alpha}^{\beta} \left[P(\varphi(t),\psi(t))\varphi'(t) + Q(\varphi(t),\psi(t))\psi'(t)\right]\mathrm{d}t.$$

注:转化为定积分计算,对坐标的曲线积分,积分变量 t 必须单调地从 α 积到 β,记作 $t:\alpha \to \beta$.

3. 格林公式

（1）格林公式（单连通区域）

① 分段光滑曲线 L 是封闭的;

②L 为有界闭区域 D 的正向边界,如图 10.1 所示;

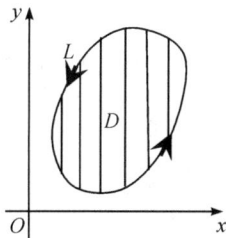

图 10.1

③$P(x,y), Q(x,y)$ 在 D 上具有一阶连续偏导数,则有

$$\oint\limits_{L} P\,\mathrm{d}x + Q\,\mathrm{d}y = \iint\limits_{D} \left(\frac{\partial Q}{\partial x} - \frac{\partial P}{\partial y}\right)\mathrm{d}x\mathrm{d}y.$$

（2）格林公式的推广（多连通区域）

① 分段光滑曲线 L, l 是封闭的;

②L, l 为有界闭区域 D 的正向边界,如图 10.2 所示;

③$P(x,y), Q(x,y)$ 在 D 上具有一阶连续偏导数,则有

$$\oint\limits_{L+l} P\,\mathrm{d}x + Q\,\mathrm{d}y = \iint\limits_{D} \left(\frac{\partial Q}{\partial x} - \frac{\partial P}{\partial y}\right)\mathrm{d}x\mathrm{d}y.$$

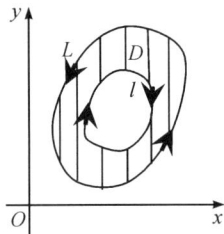

图 10.2

4. 二元函数全微分的求积问题

若 P,Q 在单连通区域 D 内偏导数连续,则

(1) 曲线积分与路径无关的充要条件是 $\dfrac{\partial P}{\partial y} = \dfrac{\partial Q}{\partial x}$ 在区域 D 内恒成立.

(2) 若从点 (x_0,y_0) 到点 (x,y) 的曲线积分与路径无关,则将该曲线积分记作

$$\int_{(x_0,y_0)}^{(x,y)} P(x,y)\mathrm{d}x + Q(x,y)\mathrm{d}y,$$

沿着从点 (x_0,y_0) 到点 (x,y_0) 再到点 (x,y) 的折线,则

$$\int_{(x_0,y_0)}^{(x,y)} P(x,y)\mathrm{d}x + Q(x,y)\mathrm{d}y = \int_{x_0}^{x} P(x,y_0)\mathrm{d}x + \int_{y_0}^{y} Q(x,y)\mathrm{d}y.$$

(3) 表达式 $P\mathrm{d}x + Q\mathrm{d}y$ 为某函数 $U(x,y)$ 全微分的充要条件是 $\dfrac{\partial P}{\partial y} = \dfrac{\partial Q}{\partial x}$,且该函数为

$$u(x,y) = \int_{x_0}^{x} P(x,y_0)\mathrm{d}x + \int_{y_0}^{y} Q(x,y)\mathrm{d}y.$$

(4) 全微分方程 $P(x,y)\mathrm{d}x + Q(x,y)\mathrm{d}y = 0$(即满足 $\dfrac{\partial P}{\partial y} = \dfrac{\partial Q}{\partial x}$),即曲线积分与积分路径无关,通解为

$$u(x,y) = \int_{(x_0,y_0)}^{(x,y)} P\mathrm{d}x + Q\mathrm{d}y + C$$

$$= \int_{x_0}^{x} P(x,y_0)\mathrm{d}x + \int_{y_0}^{y} Q(x,y)\mathrm{d}y + C.$$

二、典型例题与同步练习

1. 对弧长曲线积分的计算

例 10-1   计算曲线积分 $\displaystyle\int_{\Gamma} z\,\mathrm{d}s$,其中 Γ 由参数方程 $x = t\cos t, y = t\sin t, z = t, 0 \leqslant t \leqslant \pi$.

解   因为弧长微分

$$ds = \sqrt{(\cos t - t\sin t)^2 + (\sin t + t\cos t)^2 + 1}\,dt$$
$$= \sqrt{t^2 + 2}\,dt,$$

所以

$$\int_{\Gamma} z\,ds = \int_0^{\pi} t\sqrt{t^2 + 2}\,dt$$
$$= \left[\frac{1}{3}(t^2 + 2)^{\frac{3}{2}}\right]\Big|_0^{\pi}$$
$$= \frac{1}{3}\left[(\pi^2 + 2)^{\frac{3}{2}} - 2\sqrt{2}\right].$$

例 10-2　　计算曲线积分 $\oint_L e^{\sqrt{x^2+y^2}}\,ds$，其中 L 是圆周 $x^2 + y^2 = R^2$ 与直线 $y = x, y = 0$ 在第一卦限所围成区域的边界.

解　　积分曲线由三段组成，即

圆弧段 $L_1: x^2 + y^2 = R^2$，用参数方程表示为

$$\begin{cases} x = R\cos t \\ y = R\sin t \end{cases}, 0 \leqslant t \leqslant \frac{\pi}{4},$$

且 $ds = \sqrt{[x'(t)]^2 + [y'(t)]^2}\,dt = R\,dt,$

因此

$$\oint_{L_1} e^{\sqrt{x^2+y^2}}\,ds = \int_0^{\frac{\pi}{4}} e^R R\,dt = \frac{\pi}{4}Re^R.$$

直线段 $L_2: y = x, 0 \leqslant y \leqslant \frac{\sqrt{2}}{2}R$，且 $ds = \sqrt{1 + \left(\dfrac{dy}{dx}\right)^2}\,dx = \sqrt{2}\,dx,$

因此

$$\oint_{L_2} e^{\sqrt{x^2+y^2}}\,ds = \int_0^{\frac{\sqrt{2}}{2}R} e^{\sqrt{2}x}\sqrt{2}\,dx = e^R - 1.$$

直线段 $L_3: y = 0, 0 \leqslant x \leqslant R$，且 $ds = \sqrt{1 + \left(\dfrac{dy}{dx}\right)^2}\,dx = dx,$

因此

$$\oint_{L_3} e^{\sqrt{x^2+y^2}}\,ds = \int_0^R e^x\,dx = e^R - 1.$$

综合上述，得原积分为

$$\oint_L e^{\sqrt{x^2+y^2}}\,ds = \frac{\pi}{4}Re^R + 2(e^R - 1).$$

※ 例 10-3　　计算曲线积分 $\int_L \sqrt{x^2 + y^2}\,ds$，其中 L 为圆周 $x^2 + y^2 = ax(a > 0)$.

解　　曲线的极坐标方程为 $\rho = a\cos\theta, -\dfrac{\pi}{2} \leqslant \theta \leqslant \dfrac{\pi}{2},$

$$ds = \sqrt{\rho^2(\theta) + [\rho'(\theta)]^2}\,d\theta,$$

于是

$$\int_L \sqrt{x^2 + y^2}\,ds = \int_{-\frac{\pi}{2}}^{\frac{\pi}{2}} \rho(\theta)\sqrt{\rho^2(\theta) + [\rho'(\theta)]^2}\,d\theta$$

$$= \int_{-\frac{\pi}{2}}^{\frac{\pi}{2}} a^2 \cos\theta d\theta$$
$$= 2a^2.$$

例 10-4 设曲线 L 为椭圆 $\dfrac{x^2}{4} + \dfrac{y^2}{3} = 1$，其周长为 a，求曲线积分

$\oint_L (2xy + 3x^2 + 4y^2) ds.$

解 设椭圆的参数方程为 $\begin{cases} x = 2\cos t \\ y = \sqrt{3}\sin t \end{cases}, 0 \leqslant t \leqslant 2\pi$，椭圆方程也可写为 $3x^2 + 4y^2 = 12$，

于是

$$\oint_L (2xy + 3x^2 + 4y^2) ds = \oint_L 2xy ds + \oint_L (3x^2 + 4y^2) ds$$
$$= 2\int_0^{2\pi} 2\cos t \sqrt{3}\sin t \sqrt{(-2\sin t)^2 + (\sqrt{3}\cos t)^2} dt + \oint_L 12 ds$$
$$= 4\sqrt{3}\int_0^{2\pi} \cos t \sin t \sqrt{3 + \sin^2 t} dt + 12a$$
$$= 2\sqrt{3}\int_0^{2\pi} \sqrt{3 + \sin^2 t} d(3 + \sin^2 t) + 12a$$
$$= 12a.$$

◇ **练习题 10-1**

1. 计算曲线积分 $\oint_L e^{\sqrt{x^2+y^2}} ds$，其中 L 是圆周 $x^2 + y^2 = R^2$ 与直线 $x = 0, y = 0$ 在第一卦限所围成的区域的边界.

2. 计算积分 $\int_L x ds$，其中 L 为直线 $y = x$ 与抛物线 $y = x^2$ 所围成的区域的整个边界.

【练习题 10-1 答案】

1. $\dfrac{\pi}{2} Re^R + 2(e^R - 1)$ 2. $\dfrac{\sqrt{2}}{2} + \dfrac{5\sqrt{5} - 1}{12}$

2.对坐标的曲线积分的计算

例 10-5 计算 $\int_\Gamma x^2 dx + y^2 dy + z^2 dz$，其中 Γ 是从点 $A(1,1,1)$ 到点 $B(2,3,4)$ 的直线段 AB.

解　化为定积分计算.

直线段 AB 的方程是 $\dfrac{x-1}{2-1}=\dfrac{y-1}{3-1}=\dfrac{z-1}{4-1}$,

化为参数方程: $x=t+1, y=2t+1, z=3t+1$,

这里参数 t 从 0 变到 1,

于是

$$\int_\Gamma x^2\mathrm{d}x+y^2\mathrm{d}y+z^2\mathrm{d}z$$
$$=\int_0^1\left[(t+1)^2+(2t+1)^2\times 2+(3t+1)^2\times 3\right]\mathrm{d}t$$
$$=32.$$

例 10-6　计算 $\oint_L x^2 y\mathrm{d}x+y\mathrm{d}y$, L 是由曲线 $x=y^2$ 与 $y=x$ 所围的闭曲线,按逆时针方向.

解　化为定积分计算.

在曲线 $L_1:x=y^2$ 上,将 y 作为参变量,则 $\mathrm{d}x=2y\mathrm{d}y$,这里 y 从 1 变到 0;在曲线 $L_2:y=x$ 上,将 y 作为参变量,则 $\mathrm{d}x=\mathrm{d}y$,这里 y 从 0 变到 1,

于是

$$\oint_L x^2 y\mathrm{d}x+y\mathrm{d}y=\int_{L_1}+\int_{L_2}$$
$$=\int_1^0(y^4 y2y+y)\mathrm{d}y+\int_0^1(y^2 y+y)\mathrm{d}y$$
$$=-\frac{1}{28}.$$

例 10-7　计算积分 $\int_L(\mathrm{e}^x\sin y-3y+1)\mathrm{d}x+(\mathrm{e}^x\cos y-2y^2)\mathrm{d}y$,其中积分曲线 L 是上半圆周 $(x-a)^2+y^2=a^2, y\geqslant 0$ 的逆时针方向.

解　由于被积函数较为复杂,所以若化为定积分,难以计算出结果,因此按如下方法考虑.

这里 $P=\mathrm{e}^x\sin y-3y+1, Q=\mathrm{e}^x\cos y-2y^2$,则 $Q_x-P_y=3$,因此利用格林公式化为二重积分计算.

又由于积分曲线不封闭,需要补一条边, $L^*:y=0, 0\leqslant x\leqslant 2a$,这样曲线 L 与 L^* 所围成的区域为 $D:(x-a)^2+y^2\leqslant a^2, y\geqslant 0$,则

$$\int_L(\mathrm{e}^x\sin y-3y+1)\mathrm{d}x+(\mathrm{e}^x\cos y-2y^2)\mathrm{d}y$$
$$=\int_L+\int_{L^*}-\int_{L^*}$$

$$= \iint\limits_{D}\left(\frac{\partial Q}{\partial y}-\frac{\partial P}{\partial x}\right)\mathrm{d}x\mathrm{d}y-\int\limits_{L^*}$$

$$= \iint\limits_{D}3\mathrm{d}x\mathrm{d}y-\int_0^{2a}(0+1)\mathrm{d}x$$

$$= 3\times\frac{1}{2}\pi a^2-2a$$

$$= \frac{3}{2}\pi a^2-2a.$$

例 10 - 8　计算积分 $\displaystyle\int\limits_{L}(y\mathrm{e}^x-3x^2)\mathrm{d}x+(\mathrm{e}^x+y)\mathrm{d}y$，其中 L 是曲线 $y=$

$\sqrt{1-x^2}$ 上由点 $A(1,0)$ 到点 $B(-1,0)$ 的曲线段.

解　这里 $P=y\mathrm{e}^x-3x^2$，$Q=\mathrm{e}^x+y$，则 $\dfrac{\partial Q}{\partial x}=\dfrac{\partial P}{\partial y}$，因此积分与路径无关，则沿

着直线 $L^*:y=0$ 从 A 到 B 积分，即

$$\int\limits_{L}(y\mathrm{e}^x-3x^2)\mathrm{d}x+(\mathrm{e}^x+y)\mathrm{d}y=\int\limits_{L^*}(y\mathrm{e}^x-3x^2)\mathrm{d}x+(\mathrm{e}^x+y)\mathrm{d}y$$

$$=\int_1^{-1}\left[0\cdot\mathrm{e}^x-3x^2+(\mathrm{e}^x+0)\cdot0\right]\mathrm{d}x$$

$$=-\int_1^{-1}3x^2\mathrm{d}x$$

$$=\left[x^3\right]_{-1}^{1}$$

$$=2.$$

※ 例 10 - 9　计算曲线积分 $I=\displaystyle\int\limits_{L_{ABCDA}}\frac{\mathrm{d}x+\mathrm{d}y}{|x|+|y|}$，其中 $ABCDA$ 是以点

$A(1,0)$，$B(0,1)$，$C(-1,0)$，$D(0,-1)$ 为顶点的正方形.

解　由于曲线的方程分别为：

$$\begin{cases}L_{AB}:x+y=1,\mathrm{d}x=-\mathrm{d}y;\\ L_{BC}:-x+y=1,\mathrm{d}x=\mathrm{d}y;\\ L_{CD}:x+y=-1,\mathrm{d}x=-\mathrm{d}y;\\ L_{DA}:x-y=1,\mathrm{d}x=\mathrm{d}y,\end{cases}$$

于是

$$I=\int\limits_{L_{ABCDA}}\frac{\mathrm{d}x+\mathrm{d}y}{|x|+|y|}$$

$$=\int\limits_{L_{AB}}(\mathrm{d}x+\mathrm{d}y)+\int\limits_{L_{BC}}(\mathrm{d}x+\mathrm{d}y)+\int\limits_{L_{CD}}(\mathrm{d}x+\mathrm{d}y)+\int\limits_{L_{DA}}(\mathrm{d}x+\mathrm{d}y)$$

$$=\int_1^0(1-1)\mathrm{d}x+\int_0^{-1}(1+1)\mathrm{d}x+\int_{-1}^0(1-1)\mathrm{d}x+\int_0^1(1+1)\mathrm{d}x$$

$$=0.$$

◇ **练习题 10-2**

1. 计算积分 $\displaystyle\int_L \frac{y}{1+x}\mathrm{d}x + 2xy\,\mathrm{d}y$，其中 L 是曲线 $y=x^2$ 上点 $O(0,0)$ 到点 $A(1,1)$ 之间的一段弧.

2. 计算 $\displaystyle\int_\Gamma x\,\mathrm{d}x + y\,\mathrm{d}y + z\,\mathrm{d}z$，其中 Γ 是从点 $A(1,1,1)$ 到点 $B(2,3,4)$ 的直线段 AB.

3. 计算积分 $\displaystyle\int_L (x^2-y)\mathrm{d}x - (x+\sin^2 y)\mathrm{d}y$，其中 L 是圆周 $y=\sqrt{2x-x^2}$ 上由点 $O(0,0)$ 到点 $A(1,1)$ 之间的一段弧.

4. 计算积分 $\displaystyle\int_L (2xy-x^3)\mathrm{d}x + (x^2+x-y^3)\mathrm{d}y$，其中 L 是圆周 $x^2+y^2=1$ 上由点 $A(1,0)$ 沿着上半圆周到点 $B(-1,0)$ 的曲线段.

【练习题 10-2 答案】

1. $\dfrac{3}{10}+\ln 2$　　2. 13　　3. $\dfrac{\sin 2}{4}-\dfrac{7}{6}$　　4. $\dfrac{\pi}{2}$

3. 曲线积分与路径无关的问题

例 10-10　设 $f(0)=-2$，试决定函数 $f(x)$，使积分 $\displaystyle\int_{(0,0)}^{(\frac{\pi}{4},\frac{\pi}{4})}[y\sin 2x - yf(x)\tan x]\mathrm{d}x + f(x)\mathrm{d}y$ 与路径无关，并计算该积分.

解　（1）先求出未知函数 $f(x)$.

因为　　　$P=y\sin 2x - yf(x)\tan x,\ Q=f(x)$，又积分与路径无关，所以

$$\frac{\partial P}{\partial y}=\sin 2x - f(x)\tan x = \frac{\partial Q}{\partial x}=f'(x),$$

即 $\qquad\qquad\qquad f'(x) + f(x)\tan x = \sin 2x.$

初值问题 $\begin{cases} f'(x) + f(x)\tan x = \sin 2x, \\ f(0) = -2 \end{cases}$

这是一阶线性微分方程，其满足初始条件的特解是 $f(x) = -2\cos^2 x$.

（2）求积分.

因为积分与路径无关，所以沿折线积分，即

$$\int_{(0,0)}^{(\frac{\pi}{4},\frac{\pi}{4})} \left[y\sin 2x - yf(x)\tan x \right]dx + f(x)dy = \int_0^{\frac{\pi}{4}} 0dx + \int_0^{\frac{\pi}{4}} \left(-2\cos^2\frac{\pi}{4} \right)dy$$

$$= -\frac{\pi}{4}.$$

例 10 - 11　已知 $y = x(2-x)$ 与 x 轴交于原点和点 $A(2,0)$，曲线在点 A 处的切线交 y 轴于点 B，计算从 A 到 B 的直线段的积分

$$I = \int_{L_{\overline{AB}}} \left(\frac{\sin y}{1+x} - y + 1 \right)dx + \left[x + 1 + \cos y \cdot \ln(1+x) \right]dy.$$

解　曲线在 A 点处的切线斜率为 $k = y'|_{x=2} = (2-2x)_{x=2} = -2$，则曲线在 A 点处的切线方程为 $y = -2(x-2)$.

切线与 y 轴的交点为 $B(0,4)$，该积分利用格林公式计算，为此补线段 $L_{\overline{BO}} : x = 0, y$ 由 4 到 0；$L_{\overline{OA}} : y = 0, x$ 由 0 到 2，使得曲线封闭，于是

$$I = \int_{L_{\overline{AB}}} = \int_{L_{\overline{AB}}} + \int_{L_{\overline{BO}}} + \int_{L_{\overline{OA}}} - \int_{L_{\overline{BO}}} - \int_{L_{\overline{OA}}}$$

$$= \oint_{L_{\overline{AB}} + L_{\overline{BO}} + L_{\overline{OA}}} - \int_{L_{\overline{BO}}} - \int_{L_{\overline{OA}}}$$

$$= \iint_D \left(1 + \frac{\cos y}{1+x} - \frac{\cos y}{1+x} + 1 \right)dxdy - \int_{L_{\overline{BO}}} - \int_{L_{\overline{OA}}}$$

$$= 2\iint_D dxdy - \int_4^0 dy - \int_0^2 dx$$

$$= 10.$$

◇ 练习题 10-3

1. 设函数 $\varphi(x)$ 一阶连续可导，$\varphi(0) = 1$，曲线积分 $\displaystyle\int_L \left[\sin 2x - y\varphi(x)\tan x \right]dx + \varphi(x)dy$ 与路径无关.

（1）求 $\varphi(x)$；

（2）计算 $\displaystyle\int_{(0,0)}^{(-\frac{\pi}{4},\frac{\pi}{4})} \left[\sin 2x - y\varphi(x)\tan x \right]dx + \varphi(x)dy$.

2. 曲线积分 $I = \int_L (ax\cos y - y^2\sin x)\mathrm{d}x + (by\cos x - x^2\sin y)\mathrm{d}y$，$a,b$ 均为常数，在整个 xOy 平面上与路径无关，试求 a,b；并求当 a,b 取上述值时，L 是曲线 $y = \sin x$ 上从 $(0,0)$ 到 $\left(\dfrac{\pi}{2},1\right)$ 这一段时曲线积分的值.

【练习题 10-3 答案】

1. $(1)\varphi(x) = \cos x$　$(2)\dfrac{1}{2} + \dfrac{\sqrt{2}}{8}\pi$

2. $a = 2, b = 2, I = \dfrac{\pi^2}{4}\cos 1$

4. 二元函数全微分求积问题

例 10 - 13　试确定 a,b 使 $(axy^3 - y^2\cos x)\mathrm{d}x + (1 + by\sin x + 3x^2y^2)\mathrm{d}y$ 为某函数 $u(x,y)$ 的全微分，并求 $u(x,y)$.

解　设 $P = axy^3 - y^2\cos x, Q = 1 + by\sin x + 3x^2y^2$，

由 $\dfrac{\partial P}{\partial y} = \dfrac{\partial Q}{\partial x}$，得：$a = 2, b = -2$，

则 $u(x,y) = \displaystyle\int_{(0,0)}^{(x,y)} (2xy^3 - y^2\cos x)\mathrm{d}x + (1 - 2y\sin x + 3x^2y^2)\mathrm{d}y + C$

$\qquad = \displaystyle\int_0^x 0\mathrm{d}x + \int_0^y (1 - 2y\sin x + 3x^2y^2)\mathrm{d}y + C$

$\qquad = y - y^2\sin x + x^2y^3 + C.$

◇ **练习题 10-4**

1. 验证曲线积分 $\displaystyle\int_{(0,0)}^{(1,1)} (ye^x + 2x)\mathrm{d}x + e^x\mathrm{d}y$ 与路径无关，并求其值.

2. 试确定 a，使得 $\dfrac{(x + ay)\mathrm{d}x + y\mathrm{d}y}{(x+y)^2}$ 为某函数 $u(x,y)$ 的全微分，并求 $u(x,y)$.

【练习题 10-4 答案】

1. $e + 1$　2. $a = 2, u(x,y) = \ln|x+y| - \dfrac{y}{x+y} + C$

5. 曲线积分的应用

例 10-14   质点在变力 $\boldsymbol{F} = yz\boldsymbol{i} + zx\boldsymbol{j} + xy\boldsymbol{k}$ 的作用下，由原点沿直线运动到椭球面 $\dfrac{x^2}{a^2} + \dfrac{y^2}{b^2} + \dfrac{z^2}{c^2} = 1$ 上第一卦限的点 $P(x_0, y_0, z_0)$，问 $P(x_0, y_0, z_0)$ 取何值时，力 F 做功最大，最大值是多少？

解   （1）先求所做的功.

原点 O 到点 P 的直线段的参数方程 $\Gamma : x = x_0 t, y = y_0 t, z = z_0 t, 0 \leqslant t \leqslant 1$，于是所做的功

$$
\begin{aligned}
W &= \int_{\Gamma} \boldsymbol{F} \cdot \mathrm{d}\boldsymbol{s} \\
&= \int_{\Gamma} yz\,\mathrm{d}x + zx\,\mathrm{d}y + xy\,\mathrm{d}z \\
&= 3\int_0^1 x_0 y_0 z_0 t^2 \,\mathrm{d}t \\
&= x_0 y_0 z_0.
\end{aligned}
$$

（2）再求最大功.

求函数 $W(x_0, y_0, z_0)$ 在条件 $\dfrac{x_0^2}{a^2} + \dfrac{y_0^2}{b^2} + \dfrac{z_0^2}{c^2} = 1$ 下的极值.

设拉格朗日函数

$$
F(x_0, y_0, z_0) = x_0 y_0 z_0 + \lambda\left(\frac{x_0^2}{a^2} + \frac{y_0^2}{b^2} + \frac{z_0^2}{c^2} - 1\right),
$$

对其求偏导数，并令它们为零，

解方程组
$$
\begin{cases}
F'_{x_0} = y_0 z_0 + \dfrac{2\lambda x_0}{a^2} = 0 \\[2mm]
F'_{y_0} = x_0 z_0 + \dfrac{2\lambda y_0}{b^2} = 0 \\[2mm]
F'_{z_0} = x_0 y_0 + \dfrac{2\lambda z_0}{c^2} = 0 \\[2mm]
\dfrac{x_0^2}{a^2} + \dfrac{y_0^2}{b^2} + \dfrac{z_0^2}{c^2} = 1
\end{cases}
,
$$

得 $x_0 = \dfrac{a}{\sqrt{3}}, y_0 = \dfrac{b}{\sqrt{3}}, z_0 = \dfrac{c}{\sqrt{3}}$，

由实际问题的性质可知这样的问题存在最大值，因此当 $x_0 = \dfrac{a}{\sqrt{3}}, y_0 = \dfrac{b}{\sqrt{3}}$，

$z_0 = \dfrac{c}{\sqrt{3}}$ 时，所做的功 W 有最大值，且最大功为 $W_{\max} = \dfrac{\sqrt{3}}{9}abc$.

※ 例 10-15　设空间曲线构件的线密度为 $\mu = \sqrt{2y^2 + z^2}$，且曲线方程是曲面 $x^2 + y^2 + z^2 = a^2$ 与平面 $x - y = 0$ 的交线，求曲线构件的质量 M.

解　相交的曲线方程 Γ：$\begin{cases} y = x \\ x^2 + y^2 + z^2 = a^2 \end{cases}$，消去 x 得到一个过曲线 Γ 的柱面方程 $2y^2 + z^2 = a^2$.

又该曲线的质量 $M = \oint_{\Gamma} \sqrt{2y^2 + z^2}\,\mathrm{d}s$，将曲线方程代入被积函数即可计算出该积分

$$
\begin{aligned}
M &= \oint_{\Gamma} \sqrt{2y^2 + z^2}\,\mathrm{d}s \\
&= \oint_{\Gamma} a\,\mathrm{d}s \\
&= a \cdot 2\pi a \\
&= 2\pi a^2.
\end{aligned}
$$

例 10-16　在过点 $O(0,0)$ 和 $A(\pi,0)$ 的曲线族 $y = a\sin x\,(a > 0)$ 中，求一条曲线 L，使得沿该曲线从点 O 到点 A 的积分 $I = \int_L (1 + y^3)\mathrm{d}x + (2x + y)\mathrm{d}y$ 的值最小.

解　（1）先计算该曲线积分.

因为 $P = 1 + y^3$，$Q = 2x + y$，且 $\dfrac{\partial Q}{\partial x} = 2$，$\dfrac{\partial P}{\partial y} = 3y^2$，

设 L' 为 $y = 0$ 从点 A 到点 O 的有向直线段，利用格林公式计算，

$$
\begin{aligned}
I(a) &= \oint_{L+L'} (1 + y^3)\mathrm{d}x + (2x + y)\mathrm{d}y - \int_{L'} (1 + y^3)\mathrm{d}x + (2x + y)\mathrm{d}y \\
&= -\iint_D \left(\frac{\partial Q}{\partial x} - \frac{\partial P}{\partial y} \right)\mathrm{d}x\mathrm{d}y - \int_{L'} (1 + y^3)\mathrm{d}x + (2x + y)\mathrm{d}y \\
&= \iint_D (3y^2 - 2)\mathrm{d}x\mathrm{d}y - \int_{\pi}^{0} \mathrm{d}x \\
&= \int_0^{\pi} \mathrm{d}x \int_0^{a\sin x} (3y^2 - 2)\mathrm{d}y + \pi \\
&= \int_0^{\pi} \mathrm{d}x \left[y^3 - 2y \right]_0^{a\sin x} + \pi \\
&= \int_0^{\pi} (a^3 \sin^3 x - 2a\sin x)\mathrm{d}x + \pi \\
&= \frac{4}{3} a^3 - 4a + \pi.
\end{aligned}
$$

（2）求 $I(a)$ 的最小值.

由 $I'(a) = 4a^2 - 4 = 0$ 得，$a = \pm 1$，

又因为 $a > 0$，所以 $a = 1$，

因此，当 $a = 1$ 时，I 最小，且最小值 $I(1) = \pi - \dfrac{8}{3}$.

◇ **练习题 10-5**

1.设一质点在 xOy 面内从点 $O(0,0)$ 沿曲线 $y=\sin x$ 移动到点 $A(\pi,0)$ 的过程中，受力 $F=[\cos(x+y^2)+3y]\boldsymbol{i}+[2y\cos(x+y^2)+2x]\boldsymbol{j}$ 的作用，求力 F 所做的功 W.

2.设曲线构件成半圆形 $L:x=a\cos t,y=a\sin t,0\leqslant t\leqslant\pi$，其上每一点处的线密度等于该点的纵坐标的平方，求曲线构件的质量 M.

【**练习题 10-5 答案**】

1.2　　2.$\dfrac{1}{2}\pi a^3$

三、练习题

（一）单项选择题

1.设 L 为直线 $y=y_0$ 上从点 $A(0,y_0)$ 到点 $B(3,y_0)$ 的有向直线段,则 $\displaystyle\int_L 2\mathrm{d}y=$（　　）.

　　A. 6　　　　　　　　B. $6y_0$　　　　　　　　C. 0　　　　　　　　D. $-2y_0$

2.设 L 是曲线 $y=x^3$ 与直线 $y=x$ 所围成的平面区域的整个边界, $f(x,y)$ 为连续函数,则 $I=\displaystyle\int_L f(x,y)\mathrm{d}s=$（　　）.

　　A. $\displaystyle\int_0^1 f(x,x^3)\mathrm{d}x+\int_0^1 f(x,x)\mathrm{d}x$

　　B. $\displaystyle\int_0^1 f(x,x^3)\sqrt{1+9x^4}\mathrm{d}x+\int_1^0 f(x,x)\sqrt{2}\mathrm{d}x$

　　C. $\displaystyle\int_{-1}^1 f(x,x^3)\mathrm{d}x+\int_{-1}^1 f(x,x)\mathrm{d}x$

　　D. $\displaystyle\int_{-1}^1 f(x,x^3)\sqrt{1+9x^4}\mathrm{d}x+\int_{-1}^1 f(x,x)\sqrt{2}\mathrm{d}x$

3.设 L 是由原点 $O(0,0)$ 经过点 $A(1,1)$ 到点 $B(2,0)$ 的有向折线,则

$$\int_L (x + y^2)\,\mathrm{d}x + 2xy\,\mathrm{d}y = (\qquad).$$

A. 1 　　　　　　　　B. 2 　　　　　　　　C. 4 　　　　　　　　D. 0

4. 设平面曲线 L 为下半圆周 $y = -\sqrt{1-x^2}$，则 $\int_L (x^2 + y^2)\,\mathrm{d}s = (\qquad)$.

A. π 　　　　　　　B. 2π 　　　　　　　C. 1 　　　　　　　D. 2

5. 设曲线积分 $\int_L (x^4 + 4xy^p)\,\mathrm{d}x + (6x^{p-1}y^2 - 5y^4)\,\mathrm{d}y$ 与路径无关，则 $p = (\qquad)$.

A. 1 　　　　　　　　B. 2 　　　　　　　　C. 3 　　　　　　　　D. 4

6. 设 $\mathrm{d}u = [y + \ln(1+x)]\,\mathrm{d}x + (x - \mathrm{e}^y)\,\mathrm{d}y$，则 $u(x,y) = (\qquad)$.

A. $\displaystyle\int_0^x [y + \ln(1+x)]\,\mathrm{d}x + \int_0^y (x - \mathrm{e}^y)\,\mathrm{d}y$

B. $\displaystyle\int_0^x [x + \ln(1+x) + x - \mathrm{e}^x]\,\mathrm{d}x$

C. $\displaystyle\int_0^y [y + \ln(1+y) + y - \mathrm{e}^y]\,\mathrm{d}y$

D. $\displaystyle\int_0^x \ln(1+x)\,\mathrm{d}x + \int_0^y (x - \mathrm{e}^y)\,\mathrm{d}y$

7. 设曲线 $L: f(x,y) = 1$，$f(x,y)$ 具有一阶连续偏导数，过第二象限内的点 M 和第四象限内的点 N，T 为 L 上从点 M 到点 N 的一段弧，则下列积分小于零的是 (　　).

A. $\displaystyle\int_T f(x,y)\,\mathrm{d}x$ 　　　　　　　　　　B. $\displaystyle\int_T f(x,y)\,\mathrm{d}y$

C. $\displaystyle\int_T f(x,y)\,\mathrm{d}s$ 　　　　　　　　　　D. $\displaystyle\int_T f_x(x,y)\,\mathrm{d}x + f_y(x,y)\,\mathrm{d}y$

8. 设曲线 L 是区域 D 的正向边界，那么 D 的面积为 (　　).

A. $\displaystyle\oint_L x\,\mathrm{d}y - y\,\mathrm{d}x$ 　　　　　　　　B. $\displaystyle\oint_L x\,\mathrm{d}y + y\,\mathrm{d}x$

C. $\dfrac{1}{2}\displaystyle\oint_L x\,\mathrm{d}y - y\,\mathrm{d}x$ 　　　　　　D. $\dfrac{1}{2}\displaystyle\oint_L x\,\mathrm{d}y + y\,\mathrm{d}x$

9. 设曲线积分 $\int_L [f(x) - \mathrm{e}^x]\sin y\,\mathrm{d}x - f(x)\cos y\,\mathrm{d}y$ 与路径无关，其中 $f(x)$ 一阶连续可导，且 $f(0) = 0$，则 $f(x) = (\qquad)$.

A. $\dfrac{\mathrm{e}^{-x} - \mathrm{e}^x}{2}$ 　　　　　　　　　　　B. $\dfrac{\mathrm{e}^x - \mathrm{e}^{-x}}{2}$

C. $\dfrac{\mathrm{e}^x + \mathrm{e}^{-x}}{2} - 1$ 　　　　　　　　　D. $1 - \dfrac{\mathrm{e}^x + \mathrm{e}^{-x}}{2}$

10. 曲线积分 $I = \displaystyle\int_{\overset{\frown}{L_{AB}}} (2x\cos y + y\sin x)\,\mathrm{d}x - (x^2\sin y + \cos x)\,\mathrm{d}y$，其中 $\overset{\frown}{L_{AB}}$ 为位

于第一象限中的圆弧 $x^2 + y^2 = 1$，其中 $A(1,0),B(0,1)$，则 $I = ($　　$)$.

A. -2　　　　　　B. -1　　　　　　C. 0　　　　　　D. 2

（二）填空题

1. 设 L 为曲线 $y = x^2$ 上点 $(0,0)$ 到点 $(1,1)$ 的一段弧，则 $I = \int_L \sqrt{y}\,\mathrm{d}s$ 化为定积分是 $I = $ _____.

2. 设 L 沿折线从点 $(0,0)$ 经直线 $x = 0$ 与 $y = 1$ 至点 $(1,1)$，则 $\int_L P(x,y)\mathrm{d}x + Q(x,y)\mathrm{d}y$ 化为定积分为 _____.

3. 在两类曲线积分的关系式 $\int_L f(x,y)\mathrm{d}x = \int_L f(x,y)\cos\alpha\,\mathrm{d}s$ 中，α 是曲线 L 上点 (x,y) 处的 _____ 与 x 轴正向的夹角.

4. 设 L 为不包括含原点的任意一条闭正向曲线，则 $\oint_L \dfrac{y\mathrm{d}x - x\mathrm{d}y}{x^2 + y^2} = $ _____.

5. 验证 $\dfrac{\mathrm{e}^x}{1 + y^2}\mathrm{d}x + \dfrac{2y(1 - \mathrm{e}^x)}{(1 + y^2)^2}\mathrm{d}y$ 是全微分式，其原函数是 _____.

6. 积分 $\int_{(0,1)}^{(2,3)} y\mathrm{d}x + x\mathrm{d}y = $ _____.

7. 设力 $\boldsymbol{F} = P(x,y)\boldsymbol{i} + Q(x,y)\boldsymbol{j}$，在 $\boldsymbol{F}$ 的作用下，质点沿平面弧 $\overgroup{AB}$ 自 A 到 B 的功为 _____.

8. 曲线积分 $\int_L P\mathrm{d}x + Q\mathrm{d}y$ 在 D 内与路径无关的充分必要条件是 _____.

9. 设 L 为以 $O(0,0),A(0,2),B(2,0)$ 为顶点的三角形周界的正向路径，则曲线积分 $\oint_L (x + y)\mathrm{d}y + \sin x\mathrm{d}x = $ _____.

10. 设 L 为平面曲线 $x^2 + y^2 = R^2$，而 D 为 L 围成的闭区域的正向，则积分 $I_1 = \int_L (x^2 + y^2)\mathrm{d}s = $ _____；$I_2 = \int_L (x^2 + y^2)\mathrm{d}x = $ _____；$I_3 = \iint_D (x^2 + y^2)\mathrm{d}\sigma = $ _____.

（三）计算下列曲线积分

1. 计算第一类曲线积分 $\int_L [(x^2 + y^2)^3 + y^3]\mathrm{d}s$，其中 L 为曲线 $x^2 + y^2 = a^2$，$x \geqslant 0$.

2.计算第一类曲线积分 $\int_{\Gamma} xyz\,\mathrm{d}s$,其中 Γ 为连接 $A(0,0,0),B(1,2,3),C(1,4,3)$ 的折线.

3.设曲线 L 为圆周 $x^2+y^2=R^2$ 的下半部分,求 $\int_{L}|y|\,\mathrm{d}s$.

4.计算第二类曲线积分 $\int_{L} x\,\mathrm{d}y-y\,\mathrm{d}x$,其中 L 为曲线 $y=|\sin x|$ 从点 $B(2\pi,0)$ 到 $O(0,0)$ 的一段弧.

5.计算第二类曲线积分 $\int_{L}(2x^2+4xy)\mathrm{d}x+(2x^2-y^2)\mathrm{d}y$,其中 L 为沿抛物线 $y=x^2$ 从点 $A(1,1)$ 到 $B(2,4)$ 的一段弧.

6.计算第二类曲线积分 $I=\oint_{L}\mathrm{e}^x\big[(1-\cos y)\mathrm{d}x-(y-\sin y)\mathrm{d}y\big]$,其中 L 为区域 $D:0\leqslant x\leqslant\pi,0\leqslant y\leqslant\sin x$ 正向的边界.

7.计算 $I=\int_{L}\big[\mathrm{e}^x\sin y-b(x+y)\big]\mathrm{d}x+(\mathrm{e}^x\cos y-ax)\mathrm{d}y$,其中 a,b 为正常数,L 为从 $A(2a,0)$ 沿曲线 $y=\sqrt{2ax-x^2}$ 到点 $O(0,0)$ 的弧.

8.计算积分 $\oint_{L}\dfrac{x\,\mathrm{d}y-y\,\mathrm{d}x}{x^2+y^2}$,其中:(1)$L$ 是圆周 $(x+2)^2+(y-3)^2=1$ 的逆时针方向;(2)L 是圆周 $x^2+y^2=1$ 的逆时针方向.

9. 设 $\dfrac{x\mathrm{d}x + y\mathrm{d}y}{\sqrt{x^2 + y^2}}$,(1) 验证它是某个二元函数 $u(x,y)$ 的全微分;(2) 求出 $u(x,y)$;

(3) 计算积分 $\displaystyle\int_{(-3,0)}^{(0,4)} \dfrac{x\mathrm{d}x + y\mathrm{d}y}{\sqrt{x^2 + y^2}}$.

(四) 应用题

1. 利用曲线积分求星形线 $x = a\cos^3 t, y = a\sin^3 t$ 所围成的图形面积.

2. 在力 $\boldsymbol{F} = x\sin xy\boldsymbol{i} - y\cos xy\boldsymbol{j}$ 的作用下,质点从点 $O(0,0)$ 沿直线运动至点 $A(1,\pi)$,求 $\boldsymbol{F}$ 所做的功.

【练习题答案】

(一)1. C   2. D   3. B   4. A   5. C   6. D   7. B   8. C   9. B   10. A

(二) 1. $\displaystyle\int_0^1 x\sqrt{1 + 4x^2}\mathrm{d}x$ 2. $\displaystyle\int_0^1 Q(0,y)\mathrm{d}y + \int_0^1 P(x,1)\mathrm{d}x$ 3. 切向量

4. 0   5. $\dfrac{\mathrm{e}^x - 1}{1 + y^2} + C$ 6. 6

7. $F = \displaystyle\int_{L_{AB}} P(x,y)\mathrm{d}x + Q(x,y)\mathrm{d}y$

8. $\dfrac{\partial P}{\partial y} = \dfrac{\partial Q}{\partial x}$ 9. 2

10. $I_1 = 2\pi R^3, I_2 = 0, I_3 = \dfrac{\pi}{2}R^4$

(三) 1. πa^7 2. $\dfrac{3\sqrt{14}}{2} + 18$ 3. $2R^2$ 4. 8   5. $\dfrac{41}{3}$ 6. $\dfrac{1}{5}(1 - \mathrm{e}^\pi)$

7. $\dfrac{\pi}{2}a^2(b - a) + 2a^2 b$ 8. (1)0   (2)2π

9. (1) 略   (2)$u(x,y) = \sqrt{x^2 + y^2} + C$ (3)1

(四)1. $\dfrac{3}{8}\pi a^2$ 2. $\dfrac{1}{\pi}$

第十一章

无 穷 级 数

一、内容摘要

(一) 常数项级数

1. 常数项级数的概念

(1) 无穷级数定义：$\sum\limits_{n=1}^{\infty} u_n = u_1 + u_2 + \cdots + u_n + \cdots$

(2) 部分和数列 $\{S_n\}$：$S_n = u_1 + u_2 + \cdots + u_n$.

(3) 敛散性定义：若 $\lim\limits_{n \to \infty} S_n = S$，则级数 $\sum\limits_{n=1}^{\infty} u_n$ 收敛，其和为 S，否则称为级数发散.

2. 常数项级数的性质

(1) 级数 $\sum\limits_{n=1}^{\infty} u_n$ 与 $\sum\limits_{n=1}^{\infty} ku_n (k \neq 0)$ 有相同的敛散性.

(2) 设级数 $\sum\limits_{n=1}^{\infty} u_n$ 及 $\sum\limits_{n=1}^{\infty} v_n$，则

① 若 $\sum\limits_{n=1}^{\infty} u_n = S$，$\sum\limits_{n=1}^{\infty} v_n = \sigma$，则 $\sum\limits_{n=1}^{\infty} (u_n \pm v_n) = S \pm \sigma$.

② 若 $\sum\limits_{n=1}^{\infty} u_n$ 收敛，$\sum\limits_{n=1}^{\infty} v_n$ 发散，则 $\sum\limits_{n=1}^{\infty} (u_n \pm v_n)$ 发散.

③ 若 $\sum\limits_{n=1}^{\infty} u_n$ 和 $\sum\limits_{n=1}^{\infty} v_n$ 均发散，则 $\sum\limits_{n=1}^{\infty} (u_n \pm v_n)$ 敛散性不能确定.

(3) 在级数 $\sum\limits_{n=1}^{\infty} u_n$ 中添加、去掉或改变有限项不影响级数 $\sum\limits_{n=1}^{\infty} u_n$ 的敛散性.

(4) 设级数 $\sum\limits_{n=1}^{\infty} u_n$ 收敛，则对其各项任意加括号后所得新级数仍收敛于原级数的和.

注：① 若级数加括号后所得新级数发散，则原级数必发散.

② 若级数加括号后所得新级数收敛，则原级数的敛散性不确定.

（5）级数 $\sum\limits_{n=1}^{\infty} u_n$ 收敛的必要条件：$\lim\limits_{n\to\infty} u_n = 0$.

注：若 $\lim\limits_{n\to\infty} u_n \neq 0$，则级数 $\sum\limits_{n=1}^{\infty} u_n$ 发散；由级数 $\sum\limits_{n=1}^{\infty} u_n$ 收敛，也可以求或验证极限 $\lim\limits_{n\to\infty} u_n = 0$.

（6）常用级数

① 几何级数：$\sum\limits_{n=0}^{\infty} aq^n = \begin{cases} \dfrac{a}{1-q}, & |q| < 1 \\ 发散, & |q| \geqslant 1 \end{cases}$，也称为等比级数.

② p 级数：$\sum\limits_{n=1}^{\infty} \dfrac{1}{n^p} = \begin{cases} 收敛, & p > 1 \\ 发散, & p \leqslant 1 \end{cases}$.

③ 调和级数：$\sum\limits_{n=1}^{\infty} \dfrac{1}{n} = 1 + \dfrac{1}{2} + \dfrac{1}{3} + \cdots$ 发散.

注：① 若级数的分母、分子关于 n 的最高次数分别为 p 和 q，即 $\sum\limits_{n=1}^{\infty} \dfrac{n^q + \alpha}{n^p + \beta}$（其中 α,β 为含 n 的次数分别低于 p,q 的多项式），则当 $p-q > 1$ 时级数收敛，当 $p-q \leqslant 1$ 时级数发散.

② p 级数及其同类型的级数：$\sum\limits_{n=1}^{\infty} \dfrac{1}{n^p}$，$\sum\limits_{n=2}^{\infty} \dfrac{1}{n(\ln n)^p}$，$\sum\limits_{n=2}^{\infty} \dfrac{1}{n\ln n(\ln n)^p}$，与反常积分 $\int_1^{+\infty} \dfrac{\mathrm{d}x}{x^p}$，$\int_2^{+\infty} \dfrac{\mathrm{d}x}{x(\ln x)^p}$，$\int_2^{+\infty} \dfrac{\mathrm{d}x}{x\ln x(\ln x)^p}$，同时当 $p > 1$ 时收敛，当 $p \leqslant 1$ 时发散.

因为 $\int_1^{+\infty} f(x)\mathrm{d}x = \sum\limits_{n=1}^{\infty} \int_n^{n+1} f(x)\mathrm{d}x$[这里 $f(x) > 0$ 连续，单调减小，且 $u_n = f(n)$]，

$\forall x \in (1, +\infty)$，存在 n，使得当 $n \leqslant x \leqslant n+1$ 时，有 $u_{n+1} \leqslant f(n+1) \leqslant f(x) \leqslant f(n) \leqslant u_n$，

即有 $\sum\limits_{n=1}^{\infty} u_{n+1} \leqslant \sum\limits_{n=1}^{\infty} \int_n^{n+1} f(x)\mathrm{d}x \leqslant \sum\limits_{n=1}^{\infty} u_n$，

由比较审敛法知，级数 $\sum\limits_{n=1}^{\infty} u_n$ 与反常积分 $\int_1^{+\infty} f(x)\mathrm{d}x$ 同时收敛，同时发散.

3. 判别常数项级数敛散性法则

（1）正项级数 $\sum\limits_{n=1}^{\infty} u_n (u_n \geqslant 0)$ 审敛法

① 收敛的基本定理：正项级数 $\sum\limits_{n=1}^{\infty} u_n$ 收敛的充分必要条件是部分和数列 $\{S_n\}$ 有上界.

② 比较判别法:设级数 $\sum\limits_{n=1}^{\infty} u_n$,$\sum\limits_{n=1}^{\infty} v_n$ 均为正项级数,若存在 N,当 $n > N$ 时,有 $0 \leqslant u_n \leqslant k v_n$ 成立,其中 $k > 0$,则

(i) 由级数 $\sum\limits_{n=1}^{\infty} v_n$ 收敛 $\Rightarrow$ 级数 $\sum\limits_{n=1}^{\infty} u_n$ 收敛.

(ii) 由级数 $\sum\limits_{n=1}^{\infty} u_n$ 发散 $\Rightarrow$ 级数 $\sum\limits_{n=1}^{\infty} v_n$ 发散.

注:可理解为正项级数"大"的收敛,"小"的也收敛;"小"的发散,"大"的也发散.

③ 比较法的极限形式:设级数 $\sum\limits_{n=1}^{\infty} u_n$,$\sum\limits_{n=1}^{\infty} v_n$ 均为正项级数,且 $\lim\limits_{n \to \infty} \dfrac{u_n}{v_n} = l(v_n \neq 0)$,则

(i) 若 $0 < l < +\infty$,则级数 $\sum\limits_{n=1}^{\infty} u_n$ 与级数 $\sum\limits_{n=1}^{\infty} v_n$ 敛散性相同.

(ii) 若 $l = 0$,则由级数 $\sum\limits_{n=1}^{\infty} v_n$ 收敛 $\Rightarrow$ 级数 $\sum\limits_{n=1}^{\infty} u_n$ 收敛.

(iii) 若 $l = +\infty$,则级数 $\sum\limits_{n=1}^{\infty} v_n$ 发散 $\Rightarrow$ 级数 $\sum\limits_{n=1}^{\infty} u_n$ 发散.

④ 比值判别法:设级数 $\sum\limits_{n=1}^{\infty} u_n (u_n \geqslant 0)$,若 $\lim\limits_{n \to \infty} \dfrac{u_{n+1}}{u_n} = l$,则

(i) 若 $l > 1$,则级数 $\sum\limits_{n=1}^{\infty} u_n$ 发散.

(ii) 若 $l < 1$,则级数 $\sum\limits_{n=1}^{\infty} u_n$ 收敛.

(iii) 若 $l = 1$,则该方法失效.

注:适用于 u_n 中含有 $n!$,n^n 及 a^n 等因子.

⑤ 根值判别法:设级数 $\sum\limits_{n=1}^{\infty} u_n (u_n \geqslant 0)$,若 $\lim\limits_{n \to \infty} \sqrt[n]{u_n} = l$,则

(i) 若 $l > 1$,则级数 $\sum\limits_{n=1}^{\infty} u_n$ 发散.

(ii) 若 $l < 1$,则级数 $\sum\limits_{n=1}^{\infty} u_n$ 收敛.

(iii) 若 $l = 1$,则该方法失效.

注:① 适用于 u_n 含有以 n 为指数幂的因子.② 根值法、比值法条件是充分条件而非必要条件.

(2) 交错级数 $\sum\limits_{n=1}^{\infty} (-1)^{n-1} u_n (u_n \geqslant 0)$ 审敛法

莱布尼兹定理:若交错级数 $\sum\limits_{n=1}^{\infty} (-1)^{n-1} u_n$ 满足条件:(i) $u_{n+1} \leqslant u_n$,$n = 1, 2, \cdots$;

(ii) $\lim\limits_{n\to\infty}u_n = 0$,则交错级数 $\sum\limits_{n=1}^{\infty}(-1)^{n-1}u_n$ 收敛,且其和 $S \leqslant u_1$,余项 $|R_n| \leqslant u_{n+1}$.

注:证明比较 u_n 与 u_{n+1} 大小的方法有三种:

① 比值法:考查 $\dfrac{u_{n+1}}{u_n} < 1$.

② 差值法:考查 $u_{n+1} - u_n < 0$.

③ 由一般项 u_n 找出连续可导函数 $f(x)$,使 $u_n = f(n)$,若导数 $f'(x) < 0$,则 $u_{n+1} < u_n$.

(3) 绝对收敛与条件收敛:任意项级数 $\sum\limits_{n=1}^{\infty}u_n$,其中 u_n 为实数.

① 绝对收敛:若级数 $\sum\limits_{n=1}^{\infty}|u_n|$ 收敛,则称级数 $\sum\limits_{n=1}^{\infty}u_n$ 为绝对收敛.

② 条件收敛:若级数 $\sum\limits_{n=1}^{\infty}|u_n|$ 发散,而级数 $\sum\limits_{n=1}^{\infty}u_n$ 收敛,则称级数 $\sum\limits_{n=1}^{\infty}u_n$ 为条件收敛.

(4) 定理:若级数 $\sum\limits_{n=1}^{\infty}|u_n|$ 收敛,则级数 $\sum\limits_{n=1}^{\infty}u_n$ 收敛,反之不一定成立,如 $\sum\limits_{n=1}^{\infty}\dfrac{(-1)^n}{n}$.

注:① 若用比值法(或根植法)判定级数 $\sum\limits_{n=1}^{\infty}|u_n|$ 发散,则级数 $\sum\limits_{n=1}^{\infty}u_n$ 一定发散.

② 若正项级数 $\sum\limits_{n=1}^{\infty}|(-1)^{n-1}u_n| = \sum\limits_{n=1}^{\infty}u_n$ 收敛,则交错项级数 $\sum\limits_{n=1}^{\infty}(-1)^{n-1}u_n$,$u_n \geqslant 0$ 也收敛.

(二) 幂级数

1.幂级数的概念与性质

(1) 幂级数定义

① 形如 $\sum\limits_{n=0}^{\infty}a_n x^n$ 的级数,称为 x 的幂级数.

② 形如 $\sum\limits_{n=0}^{\infty}a_n(x-x_0)^n$ 的级数,称为 $(x-x_0)$ 的幂级数.

(2) 收敛半径与收敛域

设幂级数 $\sum\limits_{n=0}^{\infty}a_n x^n$,若 $\lim\limits_{n\to\infty}\left|\dfrac{a_{n+1}}{a_n}\right| = l$(或 $\lim\limits_{n\to\infty}\sqrt[n]{|a_n|} = l$),则收敛半径

$$R = \begin{cases} \dfrac{1}{l}, & l \neq 0 \\ +\infty, & l = 0 \\ 0, & l = +\infty \end{cases}.$$

收敛域：$[-R,R]$、$(-R,R)$、$[-R,R)$、$(-R,R]$ 四种情况之一.

（3）幂级数性质

① 绝对收敛性（阿贝尔定理）.

② 四则运算性质：和、差、积、商.

③ 分析性质［即和函数 $S(x)$ 性质］：和函数 $S(x)$ 在区间 $(-R,R)$ 内连续、可导、可积，且可逐项求导、逐项积分，有公式

$$S'(x) = \sum_{n=0}^{\infty} (a_n x^n)' = \sum_{n=1}^{\infty} n a_n x^{n-1}, x \in (-R,R),$$

$$\int_0^x S(x)\mathrm{d}x = \sum_{n=0}^{\infty} \int_0^x a_n x^n \mathrm{d}x = \sum_{n=0}^{\infty} \frac{a_n}{n+1} x^{n+1}, x \in (-R,R).$$

注：级数经过逐项求导或逐项积分后的新级数，其收敛半径不变，但收敛域可能改变.

2. 函数展开成幂级数

（1）泰勒级数：$\displaystyle\sum_{n=0}^{\infty} \frac{f^{(n)}(x_0)}{n!}(x - x_0)^n$.

（2）函数展开成幂级数

① 展开式的唯一性：无论用什么方法，将函数展为幂级数的展开式是唯一的.

② 展开的条件：函数在某点 x_0 的邻域内有任意阶导数，且 $\lim\limits_{n \to \infty} R_n(x) = 0$.

③ 展开的方法：直接展开法与间接展开法.

（3）直接展开法

利用泰勒级数 $\displaystyle\sum_{n=0}^{\infty} \frac{f^{(n)}(x_0)}{n!}(x - x_0)^n$，按下列步骤将函数 $f(x)$ 在点 x_0 展开.

① 先求出函数 $f(x)$ 的各阶导数在 $x = x_0$ 处的值 $f(x_0), f'(x_0), f''(x_0), \cdots,$ $f^{(n)}(x_0)$，再写出级数 $\displaystyle\sum_{n=0}^{\infty} \frac{f^{(n)}(x_0)}{n!}(x - x_0)^n$.

② 写出拉格朗日余项 $R_n(x) = \dfrac{f^{(n+1)}(\xi)(x - x_0)^{n+1}}{(n+1)!}$，证明 $\lim\limits_{n \to \infty} R_n(x)$ 是否趋于零，若 $\lim\limits_{n \to \infty} R_n(x) = 0$，则 $f(x) = \displaystyle\sum_{n=0}^{\infty} \frac{f^{(n)}(x_0)}{n!}(x - x_0)^n$，即函数 $f(x)$ 在 x_0 处能展开成泰勒级数.

③ 求出收敛区间.

（4）间接展开法

利用下面已知的 6 个函数的展开式，通过适当的变量代替，四则运算，复合及

逐项积分、微分运算将一个函数展开成幂级数.

① $\dfrac{1}{1-x} = 1 + x + x^2 + x^3 + \cdots + x^n + \cdots = \displaystyle\sum_{n=0}^{\infty} x^n, x \in (-1,1).$

② $\dfrac{1}{1+x} = 1 - x + x^2 - x^3 + \cdots + (-1)^n x^n + \cdots = \displaystyle\sum_{n=0}^{\infty} (-1)^n x^n, x \in (-1,1).$

③ $e^x = 1 + x + \dfrac{1}{2!}x^2 + \dfrac{1}{3!}x^3 + \cdots + \dfrac{1}{n!}x^n + \cdots = \displaystyle\sum_{n=0}^{\infty} \dfrac{x^n}{n!}, x \in (-\infty, +\infty).$

④ $\sin x = x - \dfrac{1}{3!}x^3 + \dfrac{1}{5!}x^5 - \cdots + (-1)^n \dfrac{x^{2n+1}}{(2n+1)!} + \cdots$

$\qquad = \displaystyle\sum_{n=0}^{\infty} (-1)^n \dfrac{x^{2n+1}}{(2n+1)!}, x \in (-\infty, +\infty).$

⑤ $\cos x = 1 - \dfrac{1}{2!}x^2 + \dfrac{1}{4!}x^4 - \cdots + (-1)^n \dfrac{x^{2n}}{(2n)!} + \cdots$

$\qquad = \displaystyle\sum_{n=0}^{\infty} (-1)^n \dfrac{x^{2n}}{(2n)!}, x \in (-\infty, +\infty).$

⑥ $(1+x)^\alpha = 1 + \alpha x + \dfrac{\alpha(\alpha-1)}{2!}x^2 + \cdots + \dfrac{\alpha(\alpha-1)\cdots(\alpha-n+1)}{n!}x^n + \cdots$

$\qquad = 1 + \displaystyle\sum_{n=1}^{\infty} \dfrac{\alpha(\alpha-1)\cdots(\alpha-n+1)}{n!}x^n, x \in (-1,1).$

3. 幂级数和函数的求法

（1）求出给定幂级数的收敛域.

（2）通过加、减、逐项积分或微分、变量代换（如：以 $-x$ 代替 x，以 x^2 代替 x）等运算，将给定的幂级数化为常见函数展开式的形式.

如：① 当所给的幂级数系数的分母出现 $n!$ 时，常常转化到 e^x 的展开式.

② 当所给的幂级数系数出现 $\dfrac{(-1)^n}{(2n)!}$ 或 $\dfrac{(-1)^{n+1}}{(2n+1)!}$ 时，常转化到 $\cos x$ 或 $\sin x$ 的展开式.

③ 当系数是 n 的多项式时，常通过幂级数的加、减、逐项积分或微分运算，转化到等比级数 $\displaystyle\sum_{n=0}^{\infty} x^n = \dfrac{1}{1-x}$，从而得到新的幂级数的和函数.

（3）对于得到的和函数再做相反的分析运算，便得到原幂级数的和函数.

二、典型例题与同步练习

1. 利用级数的定义及性质判别级数敛散性

例 11-1　判别下列级数的敛散性.

(1) $\displaystyle\sum_{n=1}^{\infty} \frac{2n^n}{(1+n)^n}$;　(2) $\displaystyle\sum_{n=1}^{\infty} \ln \frac{n}{1+n}$;　(3) $\displaystyle\sum_{n=1}^{\infty} \left(\frac{1}{\sqrt{n}} - \frac{1}{3^n} \right)$.

解　(1) 级数的一般项为 $u_n = \dfrac{2n^n}{(1+n)^n} = \dfrac{2}{\left(1+\dfrac{1}{n}\right)^n}$,

因为 $\displaystyle\lim_{n\to\infty} u_n = \lim_{n\to\infty} \frac{2}{\left(1+\dfrac{1}{n}\right)^n} = \frac{2}{\mathrm{e}} \neq 0$,

所以级数 $\displaystyle\sum_{n=1}^{\infty} \frac{2n^n}{(1+n)^n}$ 发散.

(2) 虽然 $\displaystyle\lim_{n\to\infty} u_n = \lim_{n\to\infty} \ln \frac{n}{n+1} = 0$, 但是该级数的部分和

$$S_n = \ln \frac{1}{2} + \ln \frac{2}{3} + \ln \frac{3}{4} + \cdots + \ln \frac{n}{n+1}$$

$$= \ln \left(\frac{1}{2} \times \frac{2}{3} \times \frac{3}{4} \times \cdots \times \frac{n}{n+1} \right)$$

$$= \ln \frac{1}{n+1},$$

而　$\displaystyle\lim_{n\to\infty} S_n = \lim_{n\to\infty} \ln \frac{1}{n+1} = -\infty$,

所以级数 $\displaystyle\sum_{n=1}^{\infty} \ln \frac{n}{1+n}$ 发散.

(3) 因为级数 $\displaystyle\sum_{n=1}^{\infty} \frac{1}{\sqrt{n}}$ 是 p- 级数, 且 $p = \dfrac{1}{2} < 1$, 所以级数 $\displaystyle\sum_{n=1}^{\infty} \frac{1}{\sqrt{n}}$ 发散.

又因为级数 $\displaystyle\sum_{n=1}^{\infty} \frac{1}{3^n}$ 是几何级数, 公比 $q = \dfrac{1}{3} < 1$, 所以级数 $\displaystyle\sum_{n=1}^{\infty} \frac{1}{3^n}$ 收敛,

于是级数 $\displaystyle\sum_{n=1}^{\infty} \left(\frac{1}{\sqrt{n}} - \frac{1}{3^n} \right)$ 发散.

例 11 - 2　设 $\displaystyle\lim_{n\to\infty} a_n = \infty$, 且 $a_n \neq 0$, 判别级数 $\displaystyle\sum_{n=1}^{\infty} \left(\frac{1}{a_n} - \frac{1}{a_{n+1}} \right)$ 的敛散性.

解　令 $u_n = \dfrac{1}{a_n} - \dfrac{1}{a_{n+1}}$, 则前 n 项的部分和

$$S_n = \left(\frac{1}{a_1} - \frac{1}{a_2} \right) + \left(\frac{1}{a_2} - \frac{1}{a_3} \right) + \cdots + \left(\frac{1}{a_n} - \frac{1}{a_{n+1}} \right) = \frac{1}{a_1} - \frac{1}{a_{n+1}},$$

因为 $\displaystyle\lim_{n\to\infty} \frac{1}{a_{n+1}} = 0$, 所以 $\displaystyle\lim_{n\to\infty} S_n = \frac{1}{a_1}$,

即原级数收敛且其和 $S = \dfrac{1}{a_1}$.

◇ **练习题 11-1**

1. 判别下列级数的敛散性.

(1) $\sum\limits_{n=1}^{\infty} n\sin\dfrac{\pi}{n}$;　(2) $\sum\limits_{n=1}^{\infty} \dfrac{1}{(2n+1)(2n-1)}$;　(3) $\sum\limits_{n=1}^{\infty} \left(\dfrac{1}{5n}+\dfrac{1}{2^n}\right)$.

【练习题 11-1 答案】

1.(1) 发散　　(2) 收敛　　(3) 发散

2. 正项级数的敛散性

例 11-3　　判别下列正项级数的敛散性.

(1) $\sum\limits_{n=1}^{\infty} \sin\dfrac{1}{n\sqrt{n}}$;　(2) $\sum\limits_{n=1}^{\infty} \dfrac{n^n}{n!}$;　(3) $\sum\limits_{n=1}^{\infty} n^2\sin\dfrac{\pi}{2^n}$;　(4) $\sum\limits_{n=1}^{\infty} \dfrac{n}{(1+\frac{1}{n})^{n^2}}$.

解　　(1) 根据该级数的特点,用比较判别法的极限形式,与 p 级数 $\sum\limits_{n=1}^{\infty} \dfrac{1}{n^p}$ 进行比较.

因为极限 $\lim\limits_{n\to\infty} \dfrac{\sin\dfrac{1}{n^{\frac{3}{2}}}}{\dfrac{1}{n^{\frac{3}{2}}}} = 1$,

所以 $\sum\limits_{n=1}^{\infty} \sin\dfrac{1}{n\sqrt{n}}$ 与 $\sum\limits_{n=1}^{\infty} \dfrac{1}{n^{\frac{3}{2}}}$ 的敛散性相同,

于是 $\sum\limits_{n=1}^{\infty} \sin\dfrac{1}{n\sqrt{n}}$ 收敛.

(2) 根据该级数的特点,用比值判敛法.

因为 $\lim\limits_{n\to\infty} \dfrac{u_{n+1}}{u_n} = \lim\limits_{n\to\infty} \dfrac{\dfrac{(n+1)^{n+1}}{(n+1)!}}{\dfrac{n^n}{n!}} = \lim\limits_{n\to\infty} \left(1+\dfrac{1}{n}\right)^n = \mathrm{e} > 1$,

所以级数 $\sum\limits_{n=1}^{\infty} \dfrac{n^n}{n!}$ 发散.

(3) 根据该级数的特点,先用比较法,再用比值判敛法.

因为 $u_n = n^2\sin\dfrac{\pi}{2^n} \leqslant n^2\dfrac{\pi}{2^n}$,而级数 $\sum\limits_{n=1}^{\infty} \dfrac{n^2}{2^n}$,利用比值判敛法,

即 $\lim\limits_{n\to\infty} \dfrac{u_{n+1}}{u_n} = \lim\limits_{n\to\infty} \dfrac{\dfrac{(n+1)^2}{2^{n+1}}}{\dfrac{n^2}{2^n}} = \dfrac{1}{2} < 1$,

所以级数 $\displaystyle\sum_{n=1}^{\infty}\dfrac{n^2}{2^n}$ 收敛,

又由比较判敛法知,级数 $\displaystyle\sum_{n=1}^{\infty}n^2\sin\dfrac{\pi}{2^n}$ 收敛.

(4) 根据该级数的特点,用根值判敛法,这里注意 $\lim\limits_{n\to\infty}\sqrt[n]{n}=1$.

因为 $\lim\limits_{n\to\infty}\sqrt[n]{u_n}=\lim\limits_{n\to\infty}\dfrac{\sqrt[n]{n}}{\left(1+\dfrac{1}{n}\right)^n}=\dfrac{1}{\mathrm{e}}<1$,

由比值法知,级数 $\displaystyle\sum_{n=1}^{\infty}\dfrac{n}{\left(1+\dfrac{1}{n}\right)^{n^2}}$ 收敛.

例 11-4　判别级数 $\displaystyle\sum_{n=1}^{\infty}\dfrac{a^n}{n^s}(a>0,s>0)$ 的敛散性.

解　因为 $\quad\lim\limits_{n\to\infty}\dfrac{u_{n+1}}{u_n}=\lim\limits_{n\to\infty}a\left(\dfrac{n}{n+1}\right)^s=a$,所以

当 $a<1$ 时,级数收敛;

当 $a>1$ 时,级数发散;

当 $a=1$ 时,级数为 $\displaystyle\sum_{n=1}^{\infty}\dfrac{1}{n^s}$,这是 p 级数,当 $s>1$ 时收敛,当 $s\leqslant1$ 时发散.

※ 例 11-5　判别级数 $\displaystyle\sum_{n=1}^{\infty}\dfrac{n^{n-1}}{(n+1)^{n+1}}$ 敛散性.

解　因为用比值法得 $l=1$,所以用比较判别法的极限形式,与 p 级数 $\displaystyle\sum_{n=1}^{\infty}\dfrac{1}{n^2}$ 比较.

由于 $\quad\lim\limits_{n\to\infty}\dfrac{u_n}{\dfrac{1}{n^2}}=\lim\limits_{n\to\infty}\dfrac{n^{n+1}}{(n+1)^{n+1}}=\lim\limits_{n\to\infty}\dfrac{1}{(1+\dfrac{1}{n})^{n+1}}=\dfrac{1}{\mathrm{e}}<1$,

因此级数 $\displaystyle\sum_{n=1}^{\infty}\dfrac{n^{n-1}}{(n+1)^{n+1}}$ 收敛.

例 11-6　判别级数 $\displaystyle\sum_{n=1}^{\infty}\dfrac{3+(-1)^n}{2^n}$ 敛散性.

解　因为 $\dfrac{3+(-1)^n}{2^n}<\dfrac{4}{2^n}<\dfrac{1}{2^{n-2}}$,而等比级数 $\displaystyle\sum_{n=2}^{\infty}\left(\dfrac{1}{2}\right)^{n-2}$ 在公比 $q=\dfrac{1}{2}<1$

时收敛,所以级数 $\displaystyle\sum_{n=1}^{\infty}\dfrac{3+(-1)^n}{2^n}$ 收敛.

※ 例 11-7　判别级数 $\displaystyle\sum_{n=1}^{\infty}\left(1-\cos\dfrac{\pi}{n}\right)$ 的敛散性.

解　因为 $1-\cos\dfrac{\pi}{n}=2\sin^2\dfrac{\pi}{2n}$,所以将其与级数 $\displaystyle\sum_{n=1}^{\infty}\dfrac{2\pi^2}{(2n)^2}=\dfrac{\pi^2}{2}\sum_{n=1}^{\infty}\dfrac{1}{n^2}$ 比较.

又因为 $\lim\limits_{n\to\infty}\dfrac{2\sin^2\dfrac{\pi}{2n}}{\dfrac{2\pi^2}{(2n)^2}}=1$，且 $\sum\limits_{n=1}^{\infty}\dfrac{1}{n^2}$ 收敛，

所以级数 $\sum\limits_{n=1}^{\infty}2\sin^2\dfrac{\pi}{2n}$ 收敛，从而级数 $\sum\limits_{n=1}^{\infty}\left(1-\cos\dfrac{\pi}{n}\right)$ 收敛.

※ 例 11-8　若级数 $\sum\limits_{n=1}^{\infty}a_n(a_n\geqslant 0)$ 收敛，则级数 $\sum\limits_{n=1}^{\infty}\dfrac{\sqrt{a_n}}{n}$ 收敛.

解　由于 $\dfrac{\sqrt{a_n}}{n}=\sqrt{a_n}\cdot\dfrac{1}{\sqrt{n^2}}\leqslant\dfrac{1}{2}\left(a_n+\dfrac{1}{n^2}\right)$，而且级数 $\sum\limits_{n=1}^{\infty}a_n$ 与级数 $\sum\limits_{n=1}^{\infty}\dfrac{1}{n^2}$ 均

收敛，所以级数 $\sum\limits_{n=1}^{\infty}\dfrac{\sqrt{a_n}}{n}$ 收敛.

◇ 练习题 11-2

1.判别下列正项级数的敛散性.

(1) $\sum\limits_{n=1}^{\infty}\dfrac{3^n n!}{n^n}$；　　(2) $\sum\limits_{n=1}^{\infty}\dfrac{1}{1+a^n}(a>0)$；　　(3) $\sum\limits_{n=1}^{\infty}\dfrac{n\cos^2\dfrac{n\pi}{3}}{3^n}$.

【练习题 11-2 答案】

1.(1) 发散　　(2) $a>1$ 收敛，$a\leqslant 1$ 发散　　(3) 收敛

3. 交错级数的敛散性

例 11-9　判别下列级数敛散性，若收敛，是绝对收敛还是条件收敛？

(1) $\sum\limits_{n=1}^{\infty}\dfrac{(-1)^{n-1}}{n^p}(p>0)$；　　　　　　(2) $\sum\limits_{n=1}^{\infty}(-1)^{n-1}\dfrac{1}{n\cdot 5^n}$；

※(3) $\sum\limits_{n=1}^{\infty}(-1)^n\dfrac{\ln(n+1)}{n+1}$；　　　　　　※(4) $\sum\limits_{n=1}^{\infty}(-1)^n\dfrac{e^n n!}{n^n}$.

解　(1) p- 级数 $\sum\limits_{n=1}^{\infty}\dfrac{1}{n^p}$，当 $p>1$ 时收敛，$p\leqslant 1$ 时发散，

因此，当 $p>1$ 时，级数 $\sum\limits_{n=1}^{\infty}\dfrac{(-1)^{n-1}}{n^p}$ 绝对收敛；

当 $0<p\leqslant 1$ 时，级数 $\sum\limits_{n=1}^{\infty}\dfrac{(-1)^{n-1}}{n^p}$ 是交错级数，且满足条件 $\begin{cases}\dfrac{1}{(n+1)^p}<\dfrac{1}{n^p},\\[2mm]\lim\limits_{n\to\infty}\dfrac{1}{n^p}=0\end{cases}$

因此级数 $\displaystyle\sum_{n=1}^{\infty} \frac{(-1)^{n-1}}{n^p}$ 是收敛的,故为条件收敛.

故当 $p>1$ 时,级数 $\displaystyle\sum_{n=1}^{\infty} \frac{(-1)^{n-1}}{n^p}$ 绝对收敛;当 $0<p\leqslant 1$ 时,级数 $\displaystyle\sum_{n=1}^{\infty} \frac{(-1)^{n-1}}{n^p}$ 条件收敛.

（2）先考虑正项级数 $\displaystyle\sum_{n=1}^{\infty} \frac{1}{n\cdot 5^n}$.

因为 $\displaystyle\lim_{n\to\infty}\frac{u_{n+1}}{u_n}=\lim_{n\to\infty}\frac{\dfrac{1}{(n+1)\cdot 5^{n+1}}}{\dfrac{1}{n\cdot 5^n}}=\lim_{n\to\infty}\frac{1}{5}\left(\frac{n}{n+1}\right)=\frac{1}{5}<1$,

所以级数 $\displaystyle\sum_{n=1}^{\infty} \frac{1}{n\cdot 5^n}$ 收敛,

因此级数 $\displaystyle\sum_{n=1}^{\infty} \frac{(-1)^{n-1}}{n\cdot 5^n}$ 收敛,并且是绝对收敛的.

（3）先考虑正项级数 $\displaystyle\sum_{n=1}^{\infty} \frac{\ln(n+1)}{n+1}$.

将级数 $\displaystyle\sum_{n=1}^{\infty} \frac{\ln(n+1)}{n+1}$ 与级数 $\displaystyle\sum_{n=1}^{\infty} \frac{1}{n+1}$ 进行比较,

因为 $\dfrac{1}{n+1}<\dfrac{\ln(n+1)}{n+1}(n>2)$,

由级数 $\displaystyle\sum_{n=1}^{\infty} \frac{1}{n+1}$ 的发散,即可得级数 $\displaystyle\sum_{n=1}^{\infty} \frac{\ln(n+1)}{n+1}$ 发散,

但是交错级数 $\displaystyle\sum_{n=1}^{\infty}(-1)^n \frac{\ln(n+1)}{n+1}$ 满足条件:

① $\displaystyle\lim_{n\to\infty}\frac{\ln(n+1)}{n+1}=\lim_{x\to+\infty}\frac{\ln(x+1)}{x+1}=\lim_{x\to+\infty}\frac{1}{x+1}=0$;

② $u_{n+1}<u_n$. 证明之:

令 $u_n=f(n)=f(x)=\dfrac{\ln(x+1)}{x+1}$,

因为导数 $f'(x)=\dfrac{1-\ln(x+1)}{x+1}<0(x\geqslant 3)$,所以当 $x\geqslant 3$ 时,函数 $f(x)$ 是单调减小的,从而 $u_{n+1}\leqslant u_n(n=3,4,\cdots)$,

于是由莱布尼兹判别法知级数 $\displaystyle\sum_{n=1}^{\infty}(-1)^n \frac{\ln(n+1)}{n+1}$ 条件收敛.

（4）先考虑正项级数 $\displaystyle\sum_{n=1}^{\infty} \frac{e^n n!}{n^n}$.

因为 $\dfrac{u_{n+1}}{u_n}=\dfrac{\dfrac{e^{n+1}(n+1)!}{(n+1)^{n+1}}}{\dfrac{e^n n!}{n^n}}=\dfrac{e}{\left(1+\dfrac{1}{n}\right)^n}$,而 $\left(1+\dfrac{1}{n}\right)^n<e$,

所以 $\dfrac{u_{n+1}}{u_n} > 1(1,2,\cdots)$，

于是 $u_n > u_{n-1} > \cdots > u_1 = \mathrm{e}$，则 $\lim\limits_{n \to \infty} u_n \neq 0$，

从而 $\lim\limits_{n \to \infty}(-1)^n u_n \neq 0$，

故原级数 $\sum\limits_{n=1}^{\infty}(-1)^n \dfrac{\mathrm{e}^n n!}{n^n}$ 发散.

◇ 练习题 11-3

1.判断下列级数的敛散性,若收敛,则说明是绝对收敛还是条件收敛.

(1) $\sum\limits_{n=1}^{\infty}(-1)^{n-1} \dfrac{1}{n \cdot 2^n}$;   (2) $\sum\limits_{n=1}^{\infty}(-1)^n \dfrac{1}{na^n}(a > 0)$;   (3) $\sum\limits_{n=1}^{\infty}(-1)^n \dfrac{\ln n}{n}$;

(4) $\sum\limits_{n=1}^{\infty}(-1)^n \dfrac{\sqrt{n}}{n+100}$;   (5) $\sum\limits_{n=1}^{\infty}(-1)^n \dfrac{n^{n+1}}{(n+1)!}$.

【练习题 11-3 答案】

1.(1) 绝对收敛   (2) $a < 1$ 发散, $a > 1$ 绝对收敛, $a = 1$ 条件收敛

(3) 条件收敛   (4) 条件收敛   (5) 发散

※ 例 11-10   设 $\dfrac{a_{n+1}}{a_n} \leqslant \dfrac{b_{n+1}}{b_n}(n = 1,2,\cdots)$,其中 $a_n > 0, b_n > 0$,证明:

(1) 若 $\sum\limits_{n=1}^{\infty} b_n$ 收敛,则 $\sum\limits_{n=1}^{\infty} a_n$ 收敛;

(2) 若 $\sum\limits_{n=1}^{\infty} a_n$ 发散,则 $\sum\limits_{n=1}^{\infty} b_n$ 发散.

证明   由条件 $\dfrac{a_{n+1}}{a_n} \leqslant \dfrac{b_{n+1}}{b_n}(n = 1,2,\cdots)$,得 $\dfrac{a_{n+1}}{b_{n+1}} \leqslant \dfrac{a_n}{b_n}(1,2,\cdots)$.

由此可知 $\dfrac{a_{n+1}}{b_{n+1}} \leqslant \dfrac{a_n}{b_n} \leqslant \dfrac{a_{n-1}}{b_{n-1}} \leqslant \cdots \leqslant \dfrac{a_1}{b_1}$,即有 $0 < a_n \leqslant \dfrac{a_1}{b_1} b_n$,由比较审敛法知命题(1)、(2)成立.

4. 求幂级数的收敛半径、收敛域

例 11-11   求下列幂级数的收敛半径和收敛域.

(1) $\sum\limits_{n=1}^{\infty} \dfrac{x^n}{n \cdot 2^n}$;   (2) $\sum\limits_{n=1}^{\infty} \dfrac{3^n + 5^n}{n} x^n$.

解　(1) 因为 $l = \lim\limits_{n \to \infty} \sqrt[n]{a_n} = \lim\limits_{n \to \infty} \dfrac{1}{2\sqrt[n]{n}} = \dfrac{1}{2}$ 或

$$l = \lim_{n \to \infty} \left| \frac{a_{n+1}}{a_n} \right| = \lim_{n \to \infty} \left| \frac{\dfrac{1}{(n+1) \cdot 2^{n+1}}}{\dfrac{1}{n \cdot 2^n}} \right| = \frac{1}{2},$$

所以幂级数的收敛半径为 $R = 2$.

当 $x = -2$ 时,原级数为 $\sum\limits_{n=1}^{\infty} \dfrac{(-1)^n}{n}$ 是收敛的;

当 $x = 2$ 时,原级数为 $\sum\limits_{n=1}^{\infty} \dfrac{1}{n}$ 是发散的,

于是级数 $\sum\limits_{n=1}^{\infty} \dfrac{x^n}{n \cdot 2^n}$ 的收敛域为 $[-2, 2)$.

(2) 因为 $\rho = \lim\limits_{n \to \infty} \dfrac{a_{n+1}}{a_n} = \lim\limits_{n \to \infty} \dfrac{n}{n+1} \cdot \dfrac{3^{n+1} + 5^{n+1}}{3^n + 5^n} = 5$,所以收敛半径为 $R = \dfrac{1}{5}$.

当 $x = -\dfrac{1}{5}$ 时,级数 $\sum\limits_{n=1}^{\infty} (-1)^n \dfrac{3^n + 5^n}{n \cdot 5^n} = \sum\limits_{n=1}^{\infty} (-1)^n \dfrac{1}{n} + \sum\limits_{n=1}^{\infty} (-1)^n \dfrac{1}{n} \left(\dfrac{3}{5} \right)^n$

收敛;

当 $x = \dfrac{1}{5}$ 时,级数 $\sum\limits_{n=1}^{\infty} \dfrac{3^n + 5^n}{n \cdot 5^n} = \sum\limits_{n=1}^{\infty} \dfrac{1 + \left(\dfrac{3}{5} \right)^n}{n} = \sum\limits_{n=1}^{\infty} \dfrac{1}{n} + \sum\limits_{n=1}^{\infty} \dfrac{1}{n} \left(\dfrac{3}{5} \right)^n$ 发散,

于是级数 $\sum\limits_{n=1}^{\infty} \dfrac{3^n + 5^n}{n} x^n$ 的收敛域为 $\left[-\dfrac{1}{5}, \dfrac{1}{5} \right)$.

◇ **练习题 11-4**

1. 求下列幂级数的收敛半径及收敛域.

(1) $\sum\limits_{n=1}^{\infty} \dfrac{x^n}{2 \times 4 \times \cdots \times (2n)}$;　(2) $\sum\limits_{n=1}^{\infty} \dfrac{x^n}{a^n + b^n} (a > b > 0)$.

【**练习题 11-4 答案**】

1. (1) $(-\infty, +\infty)$　(2) $(-a, a)$

例 11-12　求下列幂级数的收敛半径及收敛域.

(1) $\sum\limits_{n=1}^{\infty} (\sqrt{n+1} - \sqrt{n}) 2^n x^{2n}$;

$(2) \displaystyle\sum_{n=1}^{\infty} (-1)^n \frac{2^n}{\sqrt{n}} \left(x - \frac{1}{2}\right)^n ;$

$(3) \displaystyle\sum_{n=1}^{\infty} \frac{(3x+1)^{2n+1}}{n \cdot 9^n} .$

解 （1）令 $x^2 = t$，则

$$\sum_{n=1}^{\infty} (\sqrt{n+1} - \sqrt{n}) 2^n t^n = \sum_{n=1}^{\infty} \frac{2^n}{\sqrt{n+1} + \sqrt{n}} t^n,$$

因为　$\rho = \lim\limits_{n \to \infty} \dfrac{\sqrt{n+1} + \sqrt{n}}{\sqrt{n+2} + \sqrt{n+1}} \dfrac{2^{n+1}}{2^n} = \lim\limits_{n \to \infty} \dfrac{\sqrt{1 + \dfrac{1}{n}} + 1}{\sqrt{1 + \dfrac{2}{n}} + \sqrt{1 + \dfrac{1}{n}}} \cdot 2 = 2,$

所以级数 $\displaystyle\sum_{n=1}^{\infty} \frac{2^n}{\sqrt{n+1} + \sqrt{n}} t^n$ 的收敛半径为 $R' = \dfrac{1}{2}$，

从而级数 $\displaystyle\sum_{n=1}^{\infty} (\sqrt{n+1} - \sqrt{n}) 2^n x^{2n}$ 的收敛半径为 $R = \dfrac{1}{\sqrt{2}}$.

当 $x = \pm \dfrac{1}{\sqrt{2}}$ 时，级数 $\displaystyle\sum_{n=1}^{\infty} \frac{2^n}{\sqrt{n+1} + \sqrt{n}} \left(\frac{1}{2}\right)^n = \sum_{n=1}^{\infty} \frac{1}{\sqrt{n+1} + \sqrt{n}}$ 发散，

因此原幂级数的收敛域为 $\left(-\dfrac{1}{\sqrt{2}}, \dfrac{1}{\sqrt{2}}\right)$.

（2）令 $x - \dfrac{1}{2} = t$，则

$$\sum_{n=1}^{\infty} (-1)^n \frac{2^n}{\sqrt{n}} \left(x - \frac{1}{2}\right)^n = \sum_{n=1}^{\infty} (-1)^n \frac{2^n}{\sqrt{n}} t^n,$$

因为　　　　　　　$\rho = \lim\limits_{n \to \infty} \dfrac{\dfrac{2^{n+1}}{\sqrt{n+1}}}{\dfrac{2^n}{\sqrt{n}}} = \lim\limits_{n \to \infty} \dfrac{2}{\sqrt{1 + \dfrac{1}{n}}} = 2,$

所以幂级数 $\displaystyle\sum_{n=1}^{\infty} (-1)^n \frac{2^n}{\sqrt{n}} t^n$ 的收敛半径为 $R' = \dfrac{1}{2}$，

从而原级数 $\displaystyle\sum_{n=1}^{\infty} (-1)^n \frac{2^n}{\sqrt{n}} (x - \frac{1}{2})^n$ 的收敛半径为 $R = \dfrac{1}{2}$，

当 $x = -\dfrac{1}{2}$ 时，级数 $\displaystyle\sum_{n=1}^{\infty} (-1)^n \frac{2^n}{\sqrt{n}} \left(-\frac{1}{2}\right)^n = \sum_{n=1}^{\infty} \frac{1}{\sqrt{n}}$ 发散；

当 $x = \dfrac{1}{2}$ 时，级数 $\displaystyle\sum_{n=1}^{\infty} (-1)^n \frac{2^n}{\sqrt{n}} \left(\frac{1}{2}\right)^n = \sum_{n=1}^{\infty} \frac{(-1)^n}{\sqrt{n}}$ 收敛，

因此幂级数 $\displaystyle\sum_{n=1}^{\infty} (-1)^n \frac{2^n}{\sqrt{n}} t^n$ 的收敛域为 $\left(-\dfrac{1}{2}, \dfrac{1}{2}\right]$.

又因为 $x - \dfrac{1}{2} = t$，则 $-\dfrac{1}{2} < x - \dfrac{1}{2} \leqslant \dfrac{1}{2}$，从中解出 $0 < x \leqslant 1$，

于是原级数 $\displaystyle\sum_{n=1}^{\infty} (-1)^n \dfrac{2^n}{\sqrt{n}} \left(x - \dfrac{1}{2}\right)^n$ 的收敛域为 $(0,1]$．

（3）设 $u_n(x) = \dfrac{(3x+1)^{2n+1}}{n \cdot 9^n}$，因为由比值法

$$\rho(x) = \lim_{n \to \infty} \left| \dfrac{u_{n+1}(x)}{u_n(x)} \right| = \lim_{n \to \infty} \dfrac{|3x+1|^{2n+3} n \cdot 9^n}{|3x+1|^{2n+1}(n+1) \cdot 9^{n+1}} = \dfrac{1}{9}|3x+1|^2,$$

所以，当 $\rho(x) = \dfrac{1}{9}|3x+1|^2 < 1$，即 $-\dfrac{4}{3} < x < \dfrac{2}{3}$ 时，原级数绝对收敛；

当 $\rho(x) = \dfrac{1}{9}|3x+1|^2 < 1$，即 $x < -\dfrac{4}{3}$ 或 $x > \dfrac{2}{3}$ 时，原级数发散；

当 $x = -\dfrac{4}{3}$ 时，原级数为 $\displaystyle\sum_{n=1}^{\infty} -\dfrac{3}{n}$ 发散；

当 $x = \dfrac{2}{3}$ 时，原级数为 $\displaystyle\sum_{n=1}^{\infty} \dfrac{3}{n}$ 发散，

因此该幂级数的收敛域为 $\left(-\dfrac{4}{3}, \dfrac{2}{3}\right)$．

◇ 练习题 11-5

1. 求下列幂级数的收敛半径及收敛域．

（1）$\displaystyle\sum_{n=1}^{\infty} \dfrac{n^2}{n^3+1} x^n$；　　（2）$\displaystyle\sum_{n=1}^{\infty} \dfrac{1}{n \cdot 4^n} x^{2n-1}$；　　（3）$\displaystyle\sum_{n=1}^{\infty} (-1)^{n-1} \dfrac{(x-2)^{2n}}{n \cdot 5^n}$．

【练习题 11-5 答案】

1.（1）$R = 1$，$[-1,1)$　　（2）$R = 2$，$(-2,2)$　　（3）$R = \sqrt{5}$，$[2-\sqrt{5}, 2+\sqrt{5}]$

5. 求幂级数的和函数

例 11-13　　求下列幂级数的和函数．

（1）$\displaystyle\sum_{n=1}^{\infty} \dfrac{x^n}{n}$；　　　　　　　　　　　　（2）$\displaystyle\sum_{n=1}^{\infty} n(x-1)^n$；

※（3）$\displaystyle\sum_{n=1}^{\infty} \dfrac{2n-1}{2^n} x^{2(n-1)}$；　　　　　　※（4）$\displaystyle\sum_{n=1}^{\infty} \dfrac{x^n}{n(n+1)}$．

解 (1) 先求收敛域.

因为 $\rho = \lim\limits_{n \to \infty} \dfrac{u_{n+1}}{u_n} = \lim\limits_{n \to \infty} \dfrac{n}{n+1} = 1$,

当 $x = -1$ 时,级数 $\sum\limits_{n=1}^{\infty} \dfrac{(-1)^n}{n}$ 收敛;

当 $x = 1$ 时,级数 $\sum\limits_{n=1}^{\infty} \dfrac{1}{n}$ 发散.

因此原级数的收敛域为 $[-1, 1)$.

因为

$$S'(x) = \left(\sum_{n=1}^{\infty} \frac{1}{n} x^n \right)' = \sum_{n=1}^{\infty} \frac{(x^n)'}{n} = \sum_{n=1}^{\infty} x^{n-1} = \frac{1}{1-x},$$

上式两边从 0 到 x 积分,得

$$S(x) - S(0) = \int_0^x \frac{1}{1-x} \mathrm{d}x = -\ln(1-x) \Big|_0^x = -\ln(1-x),$$

又 $S(0) = 0$,所以幂级数 $\sum\limits_{n=1}^{\infty} \dfrac{x^n}{n}$ 的和函数为 $S(x) = \sum\limits_{n=1}^{\infty} \dfrac{x^n}{n} = -\ln(1-x)$.

(2) 先求级数的收敛区间,容易求出 $-1 < x-1 < 1$,即 $(0, 2)$.

再求和函数 $S(x)$,采用如下方法:

$$
\begin{aligned}
S(x) &= \sum_{n=1}^{\infty} n(x-1) \\
&= (x-1) \sum_{n=1}^{\infty} n(x-1)^{n-1} \\
&= (x-1) \sum_{n=1}^{\infty} \left[(x-1)^n \right]' \\
&= (x-1) \left(\sum_{n=1}^{\infty} (x-1)^n \right)' \\
&= (x-1) \left(\frac{x-1}{1-(x-1)} \right)' \\
&= (x-1) \left(\frac{x-1}{2-x} \right)' \\
&= \frac{x-1}{(2-x)^2}.
\end{aligned}
$$

(3) 因为 $\rho = \lim\limits_{n \to \infty} \dfrac{u_{n+1}}{u_n} = \lim\limits_{n \to \infty} \dfrac{2n+1}{2^{n+1}} x^{2n} \dfrac{2^n}{(2n-1)x^{2n-2}} = \dfrac{1}{2} \lim\limits_{n \to \infty} \dfrac{2n+1}{2n-1} x^2 = \dfrac{1}{2} x^2$,

当 $\rho = \dfrac{1}{2} x^2 < 1$,即 $|x| < \sqrt{2}$ 时,幂级数 $\sum\limits_{n=1}^{\infty} \dfrac{2n-1}{2^n} x^{2(n-1)}$ 收敛;

当 $\rho = \dfrac{1}{2} x^2 > 1$,即 $|x| > \sqrt{2}$ 时,幂级数 $\sum\limits_{n=1}^{\infty} \dfrac{2n-1}{2^n} x^{2(n-1)}$ 发散;

当 $|x| = \pm\sqrt{2}$ 时,幂级数 $\sum\limits_{n=1}^{\infty} \dfrac{2n-1}{2^n} \cdot 2^{n-1} = \sum\limits_{n=1}^{\infty} \dfrac{2n-1}{2}$ 发散,

因此该级数 $\sum\limits_{n=1}^{\infty} \dfrac{2n-1}{2^n} x^{2(n-1)}$ 的收敛域为 $(-\sqrt{2}, \sqrt{2})$.

当 $x \neq 0$ 时,

$$S(x) = \sum_{n=1}^{\infty} \frac{2n-1}{2^n} x^{2(n-1)}$$

$$= \sum_{n=1}^{\infty} \frac{(x^{2n-1})'}{2^n} = \left(\sum_{n=1}^{\infty} \frac{x^{2n-1}}{2^n} \right)'$$

$$= \left(\frac{1}{x} \sum_{n=1}^{\infty} \left(\frac{x^2}{2} \right)^n \right)' = \left(\frac{1}{x} \cdot \frac{\dfrac{x^2}{2}}{1 - \dfrac{x^2}{2}} \right)'$$

$$= \left(\frac{x}{2-x^2} \right)' = \frac{2+x^2}{(2-x^2)^2} (x \neq 0),$$

当 $x = 0$ 时, $S(0) = \dfrac{1}{2}$.

于是该幂级数的和函数为 $S(x) = \begin{cases} \dfrac{2+x^2}{(2-x^2)^2}, & x \neq 0 \\[3mm] \dfrac{1}{2}, & x = 0 \end{cases}$.

(4) 显然幂级数 $\sum\limits_{n=1}^{\infty} \dfrac{x^n}{n(n+1)}$ 的收敛域为 $[-1, 1]$,求和函数 $S(x)$:

当 $x = 0$ 时, $S(0) = 0$;

当 $x \neq 0$ 时,因为 $(xS(x))' = \left(\sum\limits_{n=1}^{\infty} \dfrac{x^{n+1}}{n(n+1)} \right)' = \sum\limits_{n=1}^{\infty} \dfrac{x^n}{n}$,

且 $(xS(x))'' = \left(\sum\limits_{n=1}^{\infty} \dfrac{x^{n+1}}{n(n+1)} \right)'' = \sum\limits_{n=1}^{\infty} \left(\dfrac{x^n}{n} \right)' = \sum\limits_{n=1}^{\infty} x^{n-1} = \dfrac{1}{1-x}$,

两边积分得 $(xS(x))' = \displaystyle\int_0^x \dfrac{1}{1-x} \mathrm{d}x = -\ln(1-x)$,

两边再积分一次得 $xS(x) = \displaystyle\int_0^x -\ln(1-x) \mathrm{d}x = x - (x-1)\ln(1-x)$,

因此 $S(x) = 1 - (1 - \dfrac{1}{x})\ln(1-x)$,

于是该幂级数的和函数为

$$S(x) = \begin{cases} 1 - (1 - \dfrac{1}{x})\ln(1-x), & x \in (-1,0) \bigcup (0,1) \\[3mm] 0, & x = 0 \end{cases}.$$

※ 例 11 - 14 求 $\sum\limits_{n=1}^{\infty} \frac{n+1}{n!} x^n$ 的和函数,并由此求 $\sum\limits_{n=1}^{\infty} \frac{n+1}{n!} \cdot 8^n$ 之值.

解 先求幂级数 $\sum\limits_{n=1}^{\infty} \frac{n+1}{n!} x^n$ 的收敛域,

因为 $\rho = \lim\limits_{n \to \infty} \frac{u_{n+1}}{u_n} = \lim\limits_{n \to \infty} \frac{n+2}{(n+1)!} \frac{n!}{n+1} = 0$,

所以收敛半径为 $R = +\infty$,收敛区间为 $(-\infty, +\infty)$.

于是 $S(x) = \sum\limits_{n=1}^{\infty} \frac{n+1}{n!} x^n$

$= \sum\limits_{n=1}^{\infty} \frac{1}{(n-1)!} x^n + \sum\limits_{n=1}^{\infty} \frac{1}{n!} x^n$

$= x \sum\limits_{n=1}^{\infty} \frac{1}{(n-1)!} x^{n-1} + \sum\limits_{n=0}^{\infty} \frac{1}{n!} x^n - 1$

$= x e^x + e^x - 1$

$= (x+1) e^x - 1, x \in (-\infty, +\infty)$,

取 $x = 8$,得

$$\sum\limits_{n=1}^{\infty} \frac{n+1}{n!} \cdot 8^n = 9 e^8 - 1.$$

◇ **练习题 11-6**

1.求下列幂级数的和函数.

$(1) \sum\limits_{n=1}^{\infty} \frac{x^{4n-3}}{4n-3}$;　$(2) \sum\limits_{n=0}^{\infty} (n+1) x^n$;　$(3) \sum\limits_{n=1}^{\infty} \frac{n}{n+1} x^n$.

【**练习题 11-6 答案**】

1.$(1) S(x) = \frac{1}{4} \ln \frac{1+x}{1-x} + \frac{1}{2} \arctan x, x \in (-1,1)$

$(2) S(x) = \frac{1}{(1-x)^2}, x \in (-1,1)$

$(3) S(x) = \begin{cases} \dfrac{1}{1-x} + \dfrac{1}{x} \ln(1-x), & x \in (-1,0) \bigcup (0,1) \\ 0, & x = 0 \end{cases}$

6. 求常数项级数的和

例 11 – 15 求常数项级数 $\sum\limits_{n=1}^{\infty} \dfrac{n}{2^n}$ 的和.

解 设幂级数 $\sum\limits_{n=1}^{\infty} nx^n$，显然级数 $\sum\limits_{n=1}^{\infty} nx^n$ 的收敛域为 $(-1,1)$，和函数

$$S(x) = \sum_{n=1}^{\infty} nx^n = x\sum_{n=1}^{\infty} nx^{n-1}$$

$$= x\sum_{n=1}^{\infty} (x^n)' = x\left(\sum_{n=1}^{\infty} x^n\right)'$$

$$= x\left(\frac{x}{1-x}\right)'$$

$$= \frac{x}{(1-x)^2}.$$

当 $x = \dfrac{1}{2}$ 时，$S\left(\dfrac{1}{2}\right) = \sum\limits_{n=1}^{\infty} \dfrac{n}{2^n} = \dfrac{\dfrac{1}{2}}{\left(1-\dfrac{1}{2}\right)^2} = 2$，

即所求级数的和为

$$S = \sum_{n=1}^{\infty} \frac{n}{2^n} = 2.$$

◇ **练习题 11-7**

1. 求常数项级数 $\sum\limits_{n=1}^{\infty} \dfrac{3n-1}{2^n}$ 的和 [提示：考虑 $\sum\limits_{n=1}^{\infty} (3n-1)x^n$].

【练习题 11-7 答案】

1. 5

7. 求数列的极限

例 11 – 16 求极限 $\lim\limits_{n\to\infty} \dfrac{n!}{n^n}$.

解 先考虑常数项级数 $\sum\limits_{n=1}^{\infty} \dfrac{n!}{n^n}$，用比值法判别该级数的敛散性，

因为 $\rho = \lim\limits_{n\to\infty} \dfrac{u_{n+1}}{u_n}$

$$= \lim_{n\to\infty} \frac{(n+1)!}{(n+1)^{n+1}} \cdot \frac{n^n}{n!}$$

$$= \lim_{n \to \infty} \left(\frac{n}{n+1} \right)^n$$

$$= \lim_{n \to \infty} \frac{1}{(1 + \frac{1}{n})^n}$$

$$= \frac{1}{e} < 1,$$

所以级数 $\sum\limits_{n=1}^{\infty} \frac{n!}{n^n}$ 收敛,由收敛级数的必要条件,得

$$\lim_{n \to \infty} \frac{n!}{n^n} = 0.$$

◇ 练习题 11-8

1.求极限 $\lim\limits_{n \to \infty} \frac{2^n n!}{n^n}$.

【练习题 11-8 答案】

1.0

8.函数展为幂级数(用间接法展开)

例 11-17   将下列函数展为 x 的幂级数.

(1) $f(x) = \dfrac{1}{(1+x)^2}$;

(2) $f(x) = \ln(x + \sqrt{x^2 + 1})$;

※(3) $f(x) = \ln(1 + x - 2x^2)$.

解   (1) 因为函数 $\dfrac{1}{1+x}$ 的展开式为

$$\frac{1}{1+x} = \sum_{n=0}^{\infty} (-1)^n x^n, \, x \in (-1,1),$$

两边求导,得

$$\frac{-1}{(1+x)^2} = -1 + 2x - 3x^2 + \cdots + (-1)^n n x^{n-1} + \cdots$$

$$= \sum_{n=1}^{\infty} (-1)^n n x^{n-1}, \, x \in (-1,1),$$

于是得所求函数的展开式为

$$\frac{1}{(1+x)^2} = 1 - 2x + 3x^2 + \cdots + (-1)^{n-1} n x^{n-1} + \cdots$$

$$= \sum_{n=1}^{\infty} (-1)^{n-1} n x^{n-1}, x \in (-1,1).$$

(2) 因为 $f(x) = \ln(x + \sqrt{x^2+1})$ 的导数为

$$f'(x) = (1+x^2)^{-\frac{1}{2}} \left(m = -\frac{1}{2}, u = x^2 \right),$$

又导函数 $f'(x) = (1+x^2)^{-\frac{1}{2}}$ 的展开式为

$$f'(x) = (1+x^2)^{-\frac{1}{2}}$$

$$= 1 + \left(-\frac{1}{2} \right) x^2 + \frac{1}{2!} \left(-\frac{1}{2} \right) \left(-\frac{1}{2} - 1 \right) x^4 + \cdots +$$

$$\frac{1}{n!} \left(-\frac{1}{2} \right) \left(-\frac{1}{2} - 1 \right) \cdots \left(-\frac{1}{2} - n + 1 \right) x^{2n} + \cdots$$

$$= 1 - \frac{1}{2} x^2 + \frac{3!!}{4!!} x^4 + \cdots + (-1)^n \frac{(2n-1)!!}{(2n)!!} x^{2n} + \cdots$$

$$= 1 + \sum_{n=1}^{\infty} (-1)^n \frac{(2n-1)!!}{(2n)!!} x^{2n},$$

上式两边从 0 到 x 积分,得

$$f(x) = x + \sum_{n=1}^{\infty} (-1)^n \frac{(2n-1)!!}{(2n)!!} \frac{x^{2n+1}}{2n+1} (-1 \leqslant x \leqslant 1).$$

(3) 因为 $f(x) = \ln(1+x-2x^2) = \ln(1+2x)(1-x) = \ln(1+2x) + \ln(1-x)$,

而　　　$f(x) = \ln(1+2x) + \ln(1-x)$

$$= \sum_{n=0}^{\infty} (-1)^n \frac{(2x)^{n+1}}{n+1} + \sum_{n=0}^{\infty} (-1)^{n+1} \frac{x^{n+1}}{n+1}$$

$$= \sum_{n=0}^{\infty} \frac{(-1)^n 2^{n+1} - 1}{n+1} x^{n+1} \left(\left| \frac{x}{2} \right| < 1 \cap |x| < 1 \right),$$

当 $x = -\frac{1}{2}$ 时,级数 $- \sum_{n=0}^{\infty} \left[\frac{1}{n+1} + \frac{(-1)^{n+1}}{2^{n+1}(n+1)} \right]$ 发散;

当 $x = \frac{1}{2}$ 时,级数 $\sum_{n=0}^{\infty} \left[\frac{(-1)^n}{n+1} - \frac{1}{2^{n+1}(n+1)} \right]$ 收敛,

因此该收敛域为 $\left(-\frac{1}{2}, \frac{1}{2} \right]$.

◇ **练习题 11-9**

1. 将下列函数展开为 x 的幂级数.

(1) $f(x) = \arctan x$;(2) $f(x) = \dfrac{1}{\sqrt{2+x}}$;(3) $f(x) = \ln(10-x)$.

【练习题 11-9 答案】

1. (1) $f(x) = \sum_{n=1}^{\infty} (-1)^n \dfrac{x^{2n+1}}{2n+1} (-1 \leqslant x \leqslant 1)$;

(2) $f(x) = \dfrac{1}{\sqrt{2}} \left[1 + \sum_{n=1}^{\infty} (-1)^n \dfrac{(2n-1)!!}{2^n n!} \dfrac{x^n}{2^n} \right] (-2 < x < 2)$;

(3) $f(x) = \ln 10 - \sum_{n=1}^{\infty} \dfrac{x^n}{n \cdot 10^n} (|x| < 10)$.

三、练习题

(一) 单项选择题

1. 若级数 $\sum_{n=1}^{\infty} u_n$ 收敛于 S,则级数 $\sum_{n=1}^{\infty} (u_n + u_{n+1})($ 　　　).

A. 收敛于 $2S - u_1$ 　　B. 收敛于 $2S + u_1$ 　　C. 收敛于 $2S$ 　　　　D. 发散

2. 若级数 $\sum_{n=1}^{\infty} u_n$ 收敛,则(　　　).

A. 部分和数列 $\{S_n\}$ 单调 　　　　　　　　B. 部分和数列 $\{S_n\}$ 收敛

C. $\lim\limits_{n \to \infty} u_n = \infty$ 　　　　　　　　　　D. $\lim\limits_{n \to \infty} u_n = a (a \neq 0)$

3. 下列级数中,收敛的是(　　　).

A. $\sum_{n=1}^{\infty} \dfrac{1}{\sqrt[3]{n^2}}$ 　　　　B. $\sum_{n=1}^{\infty} \dfrac{1}{n-10}$ 　　　　C. $\sum_{n=1}^{\infty} \dfrac{1}{n\sqrt{n}}$ 　　　　D. $\sum_{n=1}^{\infty} \dfrac{n}{10n+5}$

4. 下列级数中,发散的是(　　　).

A. $\sum_{n=1}^{\infty} (-1)^n \dfrac{1}{n}$ 　　　　　　　B. $\sum_{n=1}^{\infty} (-1)^{n-1} \left(\dfrac{1}{n} + \dfrac{1}{n+1} \right)$

C. $\sum_{n=1}^{\infty} \left(-\dfrac{1}{n} \right)$ 　　　　　　　D. $\sum_{n=2}^{\infty} (-1)^{n-1} \dfrac{1}{\ln n}$

5. 设 α 是常数,则级数 $\sum_{n=1}^{\infty} \left(\dfrac{\cos n\alpha}{\sqrt{n^3}} - \dfrac{1}{\sqrt{n}} \right)$ 是(　　　).

A. 发散 　　　　　　　　　　　　　　B. 条件收敛

C. 绝对收敛 　　　　　　　　　　　　D. 收敛性与 α 有关

6. 若 b 为大于 0 的常数,则级数 $\sum_{n=0}^{\infty} \dfrac{(-1)^n}{1+nb}$ 是(　　　).

A. 发散 　　　　　　　　　　　　　　B. 收敛

C. $b \geqslant 1$ 时发散, $b < 1$ 时收敛　　　　　　D. $b \geqslant 1$ 时收敛, $b < 1$ 时发散

7. 设级数 $\sum\limits_{n=0}^{\infty} a_n x^n$ 在 $x=2$ 处收敛, 则 $\sum\limits_{n=0}^{\infty} a_n (x-\frac{1}{2})^n$ 在 $x=-2$ 处(　　　).

A. 发散　　　　　　　　　　　　　　B. 条件收敛

C. 绝对收敛　　　　　　　　　　　　D. 敛散性不定

8. 若级数 $\sum\limits_{n=1}^{\infty} a_n (x-2)^n$ 在 $x=-2$ 处收敛, 则此级数在 $x=5$ 处(　　　).

A. 一定发散　　　　　　　　　　　　B. 一定条件收敛

D. 一定绝对收敛　　　　　　　　　　D. 收敛性不确定

9. 设常数 $p>0$, 则幂级数 $\sum\limits_{n=1}^{\infty} (-1)^{n-1} \dfrac{x^n}{n^p}$ 在其收敛区间的右端点处(　　　).

A. 条件收敛

B. 当 $0 < p \leqslant 1$ 时为条件收敛, $p > 1$ 时为绝对收敛

C. 绝对收敛

D. 当 $0 < p \leqslant 1$ 时为绝对收敛, $p > 1$ 时为条件收敛

10. 幂级数 $\sum\limits_{n=1}^{\infty} (-1)^{n-1} \dfrac{x^{2n}}{3^n - 1}$ 的收敛域为(　　　).

A. $(-3,3)$　　　　　B. $[-3,3)$　　　　　C. $(-\sqrt{3},\sqrt{3})$　　　　　D. $(-\sqrt{3},\sqrt{3}]$

(二) 填空题

1. 若级数 $\sum\limits_{n=1}^{\infty} u_n$ 收敛, 则 $\lim\limits_{n\to\infty} u_n =$ _____; 若 $\lim\limits_{n\to\infty} u_n \neq 0$, 则 $\sum\limits_{n=1}^{\infty} u_n$ 必_____.

2. 若级数 $\sum\limits_{n=1}^{\infty} u_n$ 的部分和 $S_n = \dfrac{2n}{n+1}$, 则 $u_n =$ _____, 和 $S =$ _____.

3. 当 p 的取值范围是_____时, 级数 $\sum\limits_{n=2}^{\infty} \dfrac{(-1)^n \ln n}{n^p}$ 收敛.

4. 若极限 $\lim\limits_{n\to\infty} n u_n = l (l>0)$, 则正项级数 $\sum\limits_{n=1}^{\infty} u_n$ _____.

5. 级数 $\sum\limits_{n=1}^{\infty} \dfrac{1}{n^{1+\frac{1}{n}}}$ 是_____.

6. a 是任意实数, b 为不等于 1 的非负实数, 则级数 $\sum\limits_{n=1}^{\infty} n^a b^n$, 当 b _____时收敛, b _____时发散.

7. 极限 $\lim\limits_{n\to\infty} \dfrac{2^n}{n!} =$ _____.

8. 设幂级数 $\sum\limits_{n=1}^{\infty} a_n x^n$ 的收敛半径为 R, 则 $\sum\limits_{n=1}^{\infty} a_n x^{2n}$ 的收敛半径为_____.

9.幂级数 $\sum\limits_{n=1}^{\infty}(1+\dfrac{1}{n})^{n^2}x^n$ 的收敛半径是_____.

10. $f(x) = \arctan x$ 关于 x 的幂级数展开式为_____,收敛域为_____.

（三）判别下列级数的敛散性,若收敛,是绝对收敛还是条件收敛?

1. $\sum\limits_{n=1}^{\infty}(-1)^n \cdot \dfrac{n!}{n^n}$;

2. $\sum\limits_{n=2}^{\infty}\dfrac{1}{n^2\ln n}$;

3. $\sum\limits_{n=1}^{\infty}n^2\sin\dfrac{\pi}{2^n}$;

4. $\sum\limits_{n=1}^{\infty}(-1)^n\dfrac{\ln n}{\sqrt{n}}$;

5. $\sum\limits_{n=1}^{\infty}\left(\dfrac{2n+1}{3n+1}\right)^{\frac{n}{2}}$;

6. $\sum\limits_{n=1}^{\infty}2^n\ln\left(1+\dfrac{\pi}{3^n}\right)$;

7. $\sum\limits_{n=1}^{\infty}\dfrac{1}{(\sqrt{3}-1)^n \cdot n^2}$;

8. $\sum\limits_{n=1}^{\infty}(-1)^{n-1}\dfrac{n}{5n-3}$;

9. $\sum\limits_{n=1}^{\infty}\dfrac{n\cos\dfrac{n\pi}{3}}{3^n}$.

（四）按要求解下列各题

1.求下列幂级数的收敛半径及收敛域.

(1) $\sum\limits_{n=1}^{\infty}\dfrac{x^n}{a^n+b^n}(a>b>0)$;   (2) $\sum\limits_{n=1}^{\infty}\dfrac{x^{2n-1}}{3^n}$;   (3) $\sum\limits_{n=1}^{\infty}(-1)^n\dfrac{2^n}{\sqrt{n}}\left(x-\dfrac{1}{2}\right)^n$.

2.求下列幂级数的收敛域及和函数.

(1) $\sum\limits_{n=1}^{\infty}\dfrac{x^{2n-1}}{2n-1}$;   (2) $\sum\limits_{n=1}^{\infty}n(x-1)^n$;   (3) $\sum\limits_{n=1}^{\infty}n(n+1)x^{n-1}$.

3.将下列函数展为幂级数.

(1)$\cos^2 x$;

(2) 将函数 $f(x) = \dfrac{x}{x^2 - 5x + 6}$ 在 $x = 5$ 处展开为幂级数.

（五）求下列数项级数的和

1.$\displaystyle\sum_{n=1}^{\infty} \dfrac{1}{(2n-1)(2n+1)}$;　　2.$\displaystyle\sum_{n=1}^{\infty} \dfrac{n}{3^n}$.

【练习题答案】

（一）1. A　2. B　3. C　4. C　5. A　6. B　7. D　8. C　9. B　10. C

（二）1.0　发散　2.$\dfrac{2}{n(n+1)}$　2　3.$p > 0$　4.发散　5.发散

6.$b < 1$　$b > 1$　7.0　8.$\sqrt{R}$　9.e^{-1}

10.$\displaystyle\sum_{n=0}^{\infty} \dfrac{(-1)^n x^{2n+1}}{2n+1}$　$[-1,1]$

（三）1.绝对收敛　2.收敛　3.收敛　4.条件收敛　5.收敛　6.收敛

7.发散　8.发散　9.收敛

（四）1.(1)$a,(-a,a)$　(2)$\sqrt{3},(-\sqrt{3},\sqrt{3})$　(3)$\dfrac{1}{2},(0,1]$

2.(1) $\dfrac{1}{2}\ln\dfrac{1+x}{1-x}, |x| < 1$

(2) $\dfrac{x-1}{(2-x)^2}, 0 < x < 2$

(3) $\dfrac{2}{(1-x)^3}, -1 < x < 1$

3.(1)$\cos^2 x = 1 + \dfrac{1}{2}\displaystyle\sum_{n=1}^{\infty}(-1)^n \dfrac{2^{2n}x^{2n}}{(2n)!}, |x| < +\infty$

(2) $\dfrac{x}{x^2 - 5x + 6} = \displaystyle\sum_{n=1}^{\infty}(-1)^n\left(\dfrac{3}{2^{n+1}} - \dfrac{2}{3^{n+1}}\right)(x-5)^n, |x-5| < 2$

（五）1.$\dfrac{1}{2}$　2.$\dfrac{3}{4}$

附 录

模 拟 题

模拟题一

(一)单项选择题(每小题 3 分,共计 6×3 = 18 分)

1.设向量 $\boldsymbol{a} \neq 0, \boldsymbol{b} \neq 0$,以下命题中正确的结论是(　　).

A. $\boldsymbol{a}$ 与 $\boldsymbol{b}$ 垂直的充分必要条件是 $\boldsymbol{a} \times \boldsymbol{b} = 0$

B. $\boldsymbol{a}$ 与 $\boldsymbol{b}$ 平行的充分必要条件是 $\boldsymbol{a} \cdot \boldsymbol{b} = 0$

C. $\boldsymbol{a}$ 与 $\boldsymbol{b}$ 平行的充分必要条件是 $\boldsymbol{a}$ 与 $\boldsymbol{b}$ 的对应分量成比例

D.若 $\boldsymbol{a} = \lambda \boldsymbol{b}(\lambda$ 为实数),则 $\boldsymbol{a} \cdot \boldsymbol{b} = 0$

2.设 $z = \cos(x^2 y)$,则 $\dfrac{\partial z}{\partial x} = ($　　$)$.

A. $\sin(x^2 y)$

B. $-\sin(x^2 y)$

C. $2xy\sin(x^2 y)$

D. $-2xy\sin(x^2 y)$

3. $I_1 = \iint\limits_{D}(x+y)^2 \mathrm{d}\sigma, I_2 = \iint\limits_{D}(x+y)^3 \mathrm{d}\sigma$,其中 $D:(x-2)^2 + (y-1)^2 \leqslant 2$,则

(　　).

A. $I_1 = I_2$

B. $I_1 \geqslant I_2$

C. $I_1 \leqslant I_2$

D. $I_2 = \dfrac{1}{2} I_1$

4.交换积分次序 $\displaystyle\int_0^1 \mathrm{d}x \int_0^{1-x} f(x,y) \mathrm{d}y = ($　　$)$.

A. $\displaystyle\int_0^{1-x} \mathrm{d}y \int_0^1 f(x,y) \mathrm{d}x$

B. $\displaystyle\int_0^1 \mathrm{d}y \int_0^{1-y} f(x,y) \mathrm{d}x$

C. $\displaystyle\int_0^1 \mathrm{d}y \int_0^1 f(x,y) \mathrm{d}x$

D. $\displaystyle\int_0^1 \mathrm{d}y \int_{1-y}^1 f(x,y) \mathrm{d}x$

5. 设 $D:1 \leqslant x^2 + y^2 \leqslant 4$，则 $\iint\limits_{D} f(x,y)\mathrm{d}x\mathrm{d}y = ($ 　　$)$.

A. $\int_0^{2\pi}\mathrm{d}\theta\int_1^4 f(\rho\cos\theta,\rho\sin\theta)\rho\mathrm{d}\rho$ 　　　　　　B. $\int_0^{2\pi}\mathrm{d}\theta\int_1^4 f(\rho\cos\theta,\rho\sin\theta)\mathrm{d}\rho$

C. $\int_0^{2\pi}\mathrm{d}\theta\int_1^2 f(\rho\cos\theta,\rho\sin\theta)\rho\mathrm{d}\rho$ 　　　　　　D. $\int_0^{2\pi}\mathrm{d}\theta\int_1^2 f(\rho\cos\theta,\rho\sin\theta)\mathrm{d}\rho$

6. 幂级数 $\sum\limits_{n=1}^{\infty}\dfrac{1}{\sqrt{n}}(x-3)^n$ 的收敛域为（　　）.

A. $[2,4]$ 　　　　　B. $(2,4)$ 　　　　　C. $(2,4]$ 　　　　　D. $[2,4)$

（二）填空题（每小题 3 分，共计 $6 \times 3 = 18$ 分）

1. 过点 $A(1,2,3)$ 且与平面 $x+2y+3z-6=0$ 垂直的直线方程是 _____.

2. 若函数 $f(x,y)=2x^2+ax+xy^2+2y$ 在点 $(1,-1)$ 处取得极值，则常数 $a=$

_____.

3. 函数 $f(x,y)=y\ln x+\dfrac{(y-1)\mathrm{e}^x}{x^2+y^2}$，则 $f_x(2,1)=$ _____.

4. 若平面薄板的面密度 $\mu(x,y)$ 在所占闭区域 D 上连续，则平面薄板质量为

_____.

5. 若 L 是抛物线 $y=x^2$ 上 $0 \leqslant x \leqslant \dfrac{1}{2}$ 的弧段，则 $\int_L x\mathrm{d}s=$ _____.

6. 函数 $f(x)=\dfrac{1}{1+x}$ 展开为 x 的幂级数是 _____.

（三）计算题 1（每小题 6 分，共计 $6 \times 6 = 36$ 分）

1. 设向量 $\boldsymbol{a}=\boldsymbol{j}-2\boldsymbol{k}$，$\boldsymbol{b}=\boldsymbol{i}+\dfrac{1}{2}\boldsymbol{j}-\boldsymbol{k}$，求向量 $\boldsymbol{c}=3\boldsymbol{a}-2\boldsymbol{b}$ 的模、方向余弦及与 $\boldsymbol{c}$ 同方向的单位向量 $\boldsymbol{c}^0$.

2. 求曲面 $z=xy$ 上点 $P(1,2,2)$ 处的切平面方程.

3.设 $z = \mathrm{e}^{-x}\sin(x+2y)$,求微分 $\mathrm{d}z$.

4.设函数 $w = f(x-y,y-z)$ 且 f 具有二阶连续偏导数,求 $\dfrac{\partial w}{\partial x}$,$\dfrac{\partial^2 w}{\partial x\partial y}$.

5.计算二重积分 $\displaystyle\iint_D x^2 y\mathrm{d}\sigma$,其中 D 是由曲线 $y = x^2$,$x = 2$,$y = 0$ 围成的闭区域.

6.计算曲线积分 $\displaystyle\int_L x\mathrm{d}y - y\mathrm{d}x$,其中曲线 L 为 $x^2 + y^2 = a^2$ 上从 $A(a,0)$ 到 $B(-a,0)$ 的上半圆周.

(四)计算题 2(每小题 6 分,共计 $3\times 6 = 18$ 分)

1.计算二重积分 $\displaystyle\iint_D \dfrac{\sin x}{x}\mathrm{d}x\mathrm{d}y$,其中 D 是由 $y = x$ 及 $y = x^2$ 所围成的有界闭区域.

2.计算二重积分 $\iint\limits_{D} \sqrt{4-x^2-y^2}\,\mathrm{d}\sigma$,其中积分区域 $D: x^2+y^2 \leqslant 2y$.

3.求幂级数 $\sum\limits_{n=1}^{\infty} nx^n$ 的和函数及常数项级数 $\sum\limits_{n=1}^{\infty} \dfrac{n}{2^n}$ 的和.

(五) 按要求计算下列各题(每小题 5 分,共计 $2 \times 5 = 10$ 分)

1.设级数 $\sum\limits_{n=1}^{\infty} a_n^2$, $\sum\limits_{n=1}^{\infty} b_n^2$ 都收敛,证明级数 $\sum\limits_{n=1}^{\infty} a_n b_n$ 绝对收敛.

2.在过点 $O(0,0)$ 和 $A(\pi,0)$ 的曲线族 $y = a\sin x (a>0)$ 中,求一条曲线 L,使沿该曲线从 O 到 A 的积分 $\int_{L} (1+y^3)\mathrm{d}x + (2x+y)\mathrm{d}y$ 的值最小.

【模拟题一答案】

（一）1. C 2. D 3. C 4. B 5. C 6. D

（二）1. $\dfrac{x-1}{1}=\dfrac{y-2}{2}=\dfrac{z-3}{3}$ 2. -5 3. $\dfrac{1}{2}$ 4. $\iint\limits_{D}\mu(x,y)\mathrm{d}\sigma$

5. $\dfrac{\sqrt{2}}{6}-\dfrac{1}{12}$ 6. $\displaystyle\sum_{n=0}^{\infty}(-1)^{n}x^{n}$, $|x|<1$

（三）1. $|c|=2\sqrt{6}$；$\cos\alpha=-\dfrac{\sqrt{6}}{6}$，$\cos\beta=\dfrac{\sqrt{6}}{6}$，$\cos\gamma=-\dfrac{\sqrt{6}}{3}$；$c^{0}=\left(-\dfrac{\sqrt{6}}{6},\dfrac{\sqrt{6}}{6},-\dfrac{\sqrt{6}}{3}\right)$.

2. 切平面方程为 $2(x-1)+(y-2)-(z-2)=0$，即 $2x+y-z=2$.

3. $\mathrm{d}z=\mathrm{e}^{-x}\left[\cos(x+2y)-\sin(x+2y)\right]\mathrm{d}x+2\mathrm{e}^{-x}\cos(x+2y)\mathrm{d}y$.

4. $\dfrac{\partial w}{\partial x}=f_{1}$，$\dfrac{\partial^{2}w}{\partial x\partial y}=-f_{11}+f_{12}$.

5. $\iint\limits_{D}x^{2}y\mathrm{d}\sigma=\dfrac{64}{7}$.

6. 利用格林公式，$\displaystyle\int_{L}x\mathrm{d}y-y\mathrm{d}x=\pi a^{2}$.

（四）1. $\displaystyle\iint\limits_{D}\dfrac{\sin x}{x}\mathrm{d}x\mathrm{d}y=\int_{0}^{1}\dfrac{\sin x}{x}\mathrm{d}x\int_{x^{2}}^{x}\mathrm{d}y=1-\sin1$.

2. 利用极坐标计算，$\displaystyle\iint\limits_{D}\sqrt{4-x^{2}-y^{2}}\mathrm{d}\sigma=\dfrac{8}{3}\pi-\dfrac{32}{9}$.

3. 收敛域 $(-1,1)$，$S(x)=\dfrac{x}{(1-x)^{2}}$，$|x|<1$，$\displaystyle\sum_{n=1}^{\infty}\dfrac{n}{2^{n}}=S\left(\dfrac{1}{2}\right)=2$.

（五）1. 证明提示：$a_{n}^{2}+b_{n}^{2}\geqslant 2a_{n}b_{n}$.

2. $y=\sin x$.

模拟题二

(一) 单项选择题(每小题 3 分,共计 5×3 = 15 分)

1. 函数 $f(x,y)$ 在点 (x_0,y_0) 处两个偏导数 $f_x(x_0,y_0)$ 与 $f_y(x_0,y_0)$ 存在与 $f(x,y)$ 在点 (x_0,y_0) 连续是(　　　).

A. 必要条件　　　　　B. 充分条件　　　　　C. 充分必要条件　　　D. 无关条件

2. 设函数 $z = yf(x^2 - y^2)$,其中 $f(u)$ 可微,则 $\dfrac{\partial z}{\partial y} = ($　　　$)$.

A. $f(x^2 - y^2)$ 　　　　　　　　　　B. $2yf'(x^2 - y^2)$

C. $2y^2 f(x^2 - y^2)$ 　　　　　　　　D. $f(x^2 - y^2) - 2y^2 f'(x^2 - y^2)$

3. 设 $D:x^2 + y^2 \leqslant 2ax(a > 0)$,则 $\iint\limits_{D} f(x,y)\mathrm{d}x\mathrm{d}y = ($　　　$)$.

A. $\displaystyle\int_0^{2\pi} \mathrm{d}\theta \int_0^{2a\cos\theta} f(\rho\cos\theta,\rho\sin\theta)\rho\mathrm{d}\rho$

B. $\displaystyle\int_0^{\pi} \mathrm{d}\theta \int_0^{2a\cos\theta} f(\rho\cos\theta,\rho\sin\theta)\rho\mathrm{d}\rho$

C. $\displaystyle\int_{-\frac{\pi}{2}}^{\frac{\pi}{2}} \mathrm{d}\theta \int_0^{2a\cos\theta} f(\rho\cos\theta,\rho\sin\theta)\rho\mathrm{d}\rho$

D. $\displaystyle\int_{-\frac{\pi}{2}}^{\frac{\pi}{2}} \mathrm{d}\theta \int_0^{2a\cos\theta} f(\rho\cos\theta,\rho\sin\theta)\mathrm{d}\rho$

4. 设 $f(x,y)$ 连续,则 $\displaystyle\int_a^b \mathrm{d}x \int_a^x f(x,y)\mathrm{d}y = ($　　　$)$.

A. $\displaystyle\int_a^b \mathrm{d}y \int_a^y f(x,y)\mathrm{d}x$ 　　　　　B. $\displaystyle\int_a^b \mathrm{d}y \int_x^b f(x,y)\mathrm{d}x$

C. $\displaystyle\int_a^b \mathrm{d}y \int_y^b f(x,y)\mathrm{d}x$ 　　　　　D. $\displaystyle\int_a^b \mathrm{d}y \int_a^b f(x,y)\mathrm{d}x$

5. 级数 $\displaystyle\sum_{n=0}^{\infty} \dfrac{2^n}{n+1}x^n$ 的收敛半径 $R = ($　　　$)$.

A. $\dfrac{1}{2}$ 　　　　　　B. 2 　　　　　　C. $\dfrac{1}{3}$ 　　　　　　D. 3

(二) 填空题(每小题 3 分,共计 5×3 = 15 分)

1. 已知 $\boldsymbol{a} = (1,1,1),\boldsymbol{b} = (1,0,1)$,则 $\boldsymbol{a} \cdot \boldsymbol{b} = $ _____ ,$\boldsymbol{a} \times \boldsymbol{b} = $ _____ .

2. 曲面 $z - \mathrm{e}^z + 2xy = 3$ 在点 $P(1,2,0)$ 处的切平面方程为 _____ .

3. $\dfrac{\partial}{\partial y}(x^2 y^3 + \sqrt{2 + x - x^2} \cdot \arctan\sqrt{\dfrac{y}{x}})|_{x=2,y=1} = $ _____ .

4.设平面曲线 L 为椭圆 $\dfrac{x^2}{4} + \dfrac{y^2}{3} = 1$，则曲线积分 $\displaystyle\int_L 2xy\,\mathrm{d}s =$ _____.

5.过点 $M_1(3,-2,1)$ 与点 $M_2(-1,0,2)$ 的直线方程是_____.

（三）计算题 1（每小题 8 分，共计 $2 \times 8 = 16$ 分）

1.设函数 $z = x^y$，$x > 0$，求 $\mathrm{d}z$，$\dfrac{\partial^2 z}{\partial x \partial y}$.

2.设函数 $z = f(xy^2, x^2)$，其中 f 具有二阶连续偏导数，求二阶混合偏导数 $\dfrac{\partial^2 z}{\partial x \partial y}$.

（四）计算题 2（每小题 9 分，共计 $2 \times 9 = 18$ 分）

1.计算二重积分 $\displaystyle\iint_D \dfrac{y^2}{x^2}\,\mathrm{d}x\mathrm{d}y$，其中 D 为由 $y = x$，$y = 2$ 及 $xy = 1$ 所围成的平面闭区域.

2.计算曲线积分 $I = \displaystyle\int_L (2x\cos y + y^2 \cos x)\,\mathrm{d}x + (2y\sin x - x^2 \sin y)\,\mathrm{d}y$，其中 L 是上半圆周 $y = \sqrt{2x - x^2}$ 上由点 $O(0,0)$ 到点 $A(2,0)$ 的一段弧.

（五）计算题 3（每小题 8 分，共计 2×8 = 16 分）

1. 求幂级数 $\displaystyle\sum_{n=1}^{\infty}\dfrac{x^n}{n}$ 的收敛域，并求和函数 $S(x)$.

2. 将函数 $f(x) = \dfrac{1}{x}$ 展开成 $(x-3)$ 的幂级数，并求收敛区间.

（六）应用题（每小题 10 分，共计 2×10 = 20 分）

1. 求由曲面 $z = \sqrt{2-x^2-y^2}$ 与 $z = x^2 + y^2$ 所围成的立体的体积.

2. 在所有经过点 $\left(2, 1, \dfrac{1}{3}\right)$ 的平面中，求出与三坐标面所围成立体的体积为最小的平面.

【模拟题二答案】

（一）1. D　2. D　3. C　4. C　5. A

（二）1. 2　$\boldsymbol{i}-\boldsymbol{k}$　2. $2x+y-4=0$　3. 12　4. 0

$\quad$5. $\dfrac{x+1}{-4}=\dfrac{y}{2}=\dfrac{z-2}{1}$

（三）1. $\mathrm{d}z=yx^{y-1}\mathrm{d}x+x^y\ln x\mathrm{d}y,\dfrac{\partial^2 z}{\partial x\partial y}=x^{y-1}+yx^{y-1}\ln x.$

$\quad$2. $\dfrac{\partial^2 z}{\partial x\partial y}=2xy^3 f''_{11}+4x^2yf''_{12}+2yf'_1.$

（四）1. $\displaystyle\iint\limits_D \dfrac{y^2}{x^2}\mathrm{d}x\mathrm{d}y=\int_1^2\mathrm{d}y\int_{\frac{1}{y}}^y\dfrac{y^2}{x^2}\mathrm{d}x=\int_1^2 y^2\left[-\dfrac{1}{x}\right]_{\frac{1}{y}}^y\mathrm{d}y=\int_1^2 y^2(y-\dfrac{1}{y})\mathrm{d}y=\dfrac{9}{4}.$

$\quad$2. $\dfrac{\partial P}{\partial y}=-2x\sin y+2y\cos x=\dfrac{\partial Q}{\partial x}$,则

$$I=\int_L(2x\cos y+y^2\cos x)\mathrm{d}x+(2y\sin x-x^2\sin y)\mathrm{d}y$$

$$=\int_{OA}(2x\cos y+y^2\cos x)\mathrm{d}x+(2y\sin x-x^2\sin y)\mathrm{d}y=\int_0^2 2x\mathrm{d}x=4.$$

（五）1. 收敛域为$[-1,1),S(x)=\displaystyle\int_0^x\dfrac{1}{1-x}\mathrm{d}x=-\ln(1-x).$

$\quad$2. $f(x)=\dfrac{1}{x-3+3}=\dfrac{1}{3}\dfrac{1}{1+\dfrac{x-3}{3}}=\displaystyle\sum_{n=0}^\infty(-1)^n\dfrac{(x-3)^n}{3^{n+1}},0<x<6.$

（六）1. $V=\displaystyle\iint\limits_D[\sqrt{2-x^2-y^2}-(x^2+y^2)]\mathrm{d}x\mathrm{d}y$

$\qquad\ =\displaystyle\iint\limits_D(\sqrt{2-r^2}-r^2)r\mathrm{d}r\mathrm{d}\theta=\pi\left(\dfrac{4}{3}\sqrt{2}-\dfrac{7}{6}\right).$

$\quad$2. 平面方程为 $x+2y+6z=6.$

模拟题三

（一）单项选择题（每小题 3 分，共计 $6 \times 3 = 18$ 分）

1. 曲线 $\Gamma:\begin{cases} f(y,z) = 0 \\ x = 0 \end{cases}$ 绕 z 轴旋转而得的旋转曲面的方程是（　　　）.

A. $f(\pm \sqrt{y^2 + z^2}, x) = 0$　　　　　B. $f(\pm \sqrt{x^2 + y^2}, z) = 0$

C. $f(\pm \sqrt{x^2 + y^2}, y) = 0$　　　　　D. $f(y, \pm \sqrt{z^2 + x^2}) = 0$

2. 设 $z = x^y, x > 0$，则全微分 $\mathrm{d}z = $（　　　）.

A. $x^y \ln x \mathrm{d}x$　　　　　　　　　　B. $x^y \ln x + yx^{y-1}$

C. $x^y \ln x \mathrm{d}x + yx^{y-1} \mathrm{d}y$　　　　D. $yx^{y-1} \mathrm{d}x + x^y \ln x \mathrm{d}y$

3. 积分 $\int_0^2 \mathrm{d}x \int_{\sqrt{2x-x^2}}^{\sqrt{4-x^2}} f(x,y) \mathrm{d}y$ 在极坐标系下的二次积分为（　　　）.

A. $\int_0^{\frac{\pi}{2}} \mathrm{d}\theta \int_{2\cos\theta}^2 f(\rho\cos\theta, \rho\sin\theta)\rho\mathrm{d}\rho$　　　B. $\int_0^{\frac{\pi}{2}} \mathrm{d}\theta \int_2^{2\cos\theta} f(\rho\cos\theta, \rho\sin\theta)\rho\mathrm{d}\rho$

C. $\int_0^{\pi} \mathrm{d}\theta \int_{2\cos\theta}^2 f(\rho\cos\theta, \rho\sin\theta)\rho\mathrm{d}\rho$　　　D. $\int_0^{\pi} \mathrm{d}\theta \int_2^{2\cos\theta} f(\rho\cos\theta, \rho\sin\theta)\rho\mathrm{d}\rho$

4. 设 α, β, γ 是一个向量的方向角，则有（　　　）.

A. $\alpha + \beta + \gamma = \pi$　　　　　　　B. $\sin^2\alpha + \sin^2\beta + \sin^2\gamma = 2$

C. $\alpha + \beta + \gamma = 2\pi$　　　　　　D. α, β, γ 可以任意选取

5. 设幂级数 $\sum_{n=0}^{\infty} a_n x^n$ 在 $x = 2$ 处收敛，则 $\sum_{n=0}^{\infty} a_n (x - \frac{1}{2})^n$ 在 $x = -2$ 处（　　　）.

A. 发散　　　　　　　　　　　　B. 条件收敛

C. 绝对收敛　　　　　　　　　　D. 敛散性不确定

6. 函数 $f(x) = \dfrac{3}{(1-x)(1+2x)}$ 在 $x = 0$ 处的幂级数展开式是（　　　）.

A. $\sum_{n=0}^{\infty} [(-1)^n + 2^n] x^n, |x| < 1$

B. $\sum_{n=0}^{\infty} [1 + (-1)^n 2^{n+1}] x^n, |x| < 1$

C. $\sum_{n=0}^{\infty} [1 + (-1)^n 2^{n+1}] x^n, |x| < \dfrac{1}{2}$

D. $\sum_{n=0}^{\infty} [(-1)^n + 2^{n+1}] x^n, |x| < \dfrac{1}{2}$

（二）填空题（每小题 3 分，共计 $6 \times 3 = 18$ 分）

1. 若 $|\boldsymbol{a}| = 2$，$|\boldsymbol{b}| = \sqrt{2}$ 且 $\boldsymbol{a} \cdot \boldsymbol{b} = 2$，则 $|\boldsymbol{a} \times \boldsymbol{b}| = $ _____.

2. $\displaystyle\lim_{(x,y)\to(0,0)} \frac{3xy}{\sqrt{xy+1}-1} = $ _____.

3. 交换下列积分次序：$\displaystyle\int_0^1 \mathrm{d}x \int_0^{\sqrt{2x-x^2}} f(x,y)\mathrm{d}y + \int_1^2 \mathrm{d}x \int_0^{2-x} f(x,y)\mathrm{d}y = $ _____.

4. 级数 $\displaystyle\sum_{n=1}^{\infty} (-1)^{n-1} \frac{1}{\sqrt{n}}$ 是 _____ 收敛.

5. 设平面曲线 L 为下半圆周 $y = -\sqrt{4-x^2}$，则 $\displaystyle\int_L (x^2+y^2)\mathrm{d}s = $ _____.

6. 级数 $\displaystyle\sum_{n=0}^{\infty} 2^n x^n$ 的收敛半径 $R = $ _____.

（三）计算题 1（每小题 6 分，共计 $5 \times 6 = 30$ 分）

1. 求曲面 $z - \mathrm{e}^z + 2xy = 3$ 在点 $P(1,2,0)$ 处的切平面及法线方程.

2. 设 $z = f(x+y, xy)$，其中 f 具有二阶连续的偏导数，求 $\dfrac{\partial z}{\partial x}$，$\dfrac{\partial^2 z}{\partial x \partial y}$.

3. 设方程 $\mathrm{e}^z - xyz = 0$ 确定隐函数 $z = f(x,y)$，求 $\dfrac{\partial z}{\partial x}$，$\dfrac{\partial^2 z}{\partial x \partial y}$.

4. 计算二重积分 $\displaystyle\iint_D (x^2+y^2)\mathrm{d}x\mathrm{d}y$，其中 D 是由直线 $y = x$，$y = x+a$，$y = a$，$y = 3a\,(a > 0)$ 所围成的闭区域.

5.计算积分 $\int_L (ye^x - 3x^2)dx + (e^x + y)dy$,其中 L 是曲线 $y = \sqrt{1-x^2}$ 上由点 $A(1,0)$ 到点 $B(-1,0)$ 的曲线段.

(四)计算题 2(每小题 8 分,共计 $2 \times 8 = 16$ 分)

1.求幂级数 $\sum_{n=1}^{\infty} nx^{n-1}$ 的收敛区间及和函数 $S(x)$,并求和 $\sum_{n=1}^{\infty} \frac{n}{2^n}$.

2.试确定 a,使得 $\dfrac{(x+ay)dx + ydy}{(x+y)^2}$ 为某函数 $u(x,y)$ 的全微分,并求 $u(x,y)$.

(五)应用题(每小题 9 分,共计 $2 \times 9 = 18$ 分)

1.求由旋转抛物面 $z = 2 - x^2 - y^2$ 与 $z = 0$ 所围成的立体的表面积.

2.求内接于半径为 a 的球且有最大体积的长方体.

【模拟题三答案】

（一）1. B   2. D   3. A   4. B   5. D   6. C

（二）1. 2   2. 6   3. $\int_0^1 \mathrm{d}y \int_{1-\sqrt{1-y^2}}^{2-y} f(x,y) \mathrm{d}x$ 4. 条件   5. 8π 6. $\dfrac{1}{2}$

（三）1. 切平面方程 $2x + y - 4 = 0$，法线方程 $\dfrac{x-1}{4} = \dfrac{y-2}{2} = \dfrac{z-0}{0}$.

2. $\dfrac{\partial z}{\partial x} = f_1 + y f_2, \dfrac{\partial^2 z}{\partial x \partial y} = f_{11} + (x+y) f_{12} + xy f_{22} + f_2.$

3. $\dfrac{\partial z}{\partial x} = \dfrac{z}{x(z-1)}, \dfrac{\partial^2 z}{\partial x \partial y} = -\dfrac{z}{xy(z-1)^3}.$

4. $\iint\limits_D (x^2 + y^2) \mathrm{d}x \mathrm{d}y = 14a^4.$

5. 与积分路径无关，$\int_L (y\mathrm{e}^x - 3x^2) \mathrm{d}x + (\mathrm{e}^x + y) \mathrm{d}y = 2.$

（四）1. 收敛区间为 $(-1,1)$，$S(x) = \dfrac{1}{(1-x)^2}, x \in (-1,1), \sum\limits_{n=1}^\infty \dfrac{n}{2^n} = 2.$

2. $a = 2, u(x,y) = \ln |x+y| - \dfrac{y}{x+y} + C.$

（五）1. $S = S_{平面} + S_{抛物面} = 2\pi + \dfrac{13}{3}\pi = \dfrac{19}{3}\pi.$

2. 构造函数 $F(x,y,z) = 8xyz + \lambda(x^2 + y^2 + z^2 - a^2)$，体积最大值 $V_{\max} = \dfrac{8\sqrt{3}}{9}a^3.$

模拟题四

（一）单项选择题（每小题 3 分，共计 $6 \times 3 = 18$ 分）

1. 曲线 $\Gamma : \begin{cases} x^2 + y^2 + z^2 = 4 \\ z = \sqrt{x^2 + y^2} \end{cases}$ 在 xOy 坐标面上投影曲线方程是（　　）.

A. $\begin{cases} x^2 + y^2 = 2 \\ z = \sqrt{x^2 + y^2} \end{cases}$
B. $\begin{cases} x^2 + y^2 + z^2 = 4 \\ z = \sqrt{2} \end{cases}$

C. $\begin{cases} x^2 + y^2 = 2 \\ z = \sqrt{2} \end{cases}$
D. $\begin{cases} x^2 + y^2 = 2 \\ z = 0 \end{cases}$

2. 设 $z = \ln(x^2 y)$，则 $\mathrm{d}z = ($　　$)$.

A. $\dfrac{1}{x}\mathrm{d}x + \dfrac{1}{y}\mathrm{d}y$
B. $\dfrac{1}{x^2 y}\mathrm{d}x + \dfrac{1}{y}\mathrm{d}y$

C. $\dfrac{2}{x}\mathrm{d}x + \dfrac{1}{y}\mathrm{d}y$
D. $\dfrac{1}{x^2}\mathrm{d}x + \dfrac{1}{y}\mathrm{d}y$

3. 设 $D : x^2 + y^2 \leqslant 4, y \geqslant 0$，则 $I = \iint\limits_{D} (x + y)\mathrm{d}x\mathrm{d}y$ 化为极坐标下的二次积分是（　　）.

A. $\displaystyle\int_0^\pi \mathrm{d}\theta \int_0^2 (\cos\theta + \sin\theta)\rho^2 \mathrm{d}\rho$
B. $\displaystyle\int_0^\pi \mathrm{d}\theta \int_0^2 (\cos\theta + \sin\theta)\mathrm{d}\rho$

C. $\displaystyle\int_0^\pi \mathrm{d}\theta \int_0^2 (\cos\theta + \sin\theta)\rho\mathrm{d}\rho$
D. $\displaystyle\int_0^{2\pi} \mathrm{d}\theta \int_0^2 (\cos\theta + \sin\theta)\rho^2 \mathrm{d}\rho$

4. 设平面域 D 由曲线 $y = x, x = y^2$ 围成，则 $I = \iint\limits_{D} f(x, y)\mathrm{d}\sigma = ($　　$)$.

A. $\displaystyle\int_0^1 \mathrm{d}x \int_{y^2}^y f(x, y)\mathrm{d}y$
B. $\displaystyle\int_0^1 \mathrm{d}x \int_x^{\sqrt{x}} f(x, y)\mathrm{d}y$

C. $\displaystyle\int_0^1 \mathrm{d}y \int_0^1 f(x, y)\mathrm{d}x$
D. $\displaystyle\int_x^{\sqrt{x}} \mathrm{d}y \int_0^1 f(x, y)\mathrm{d}x$

5. 设 L 为直线 $y = x + 1$ 上两点 $(-1, 0), (0, 1)$ 间的一段弧，则 $\displaystyle\int_L (y - x)\mathrm{d}s = ($　　$)$.

A. $\sqrt{2}$
B. $2\sqrt{2}$
C. 2
D. -2

6. 幂级数 $\displaystyle\sum_{n=1}^{\infty} \frac{(-1)^n}{n}(x - 3)^n$ 的收敛域为（　　）.

A. $(2, 4)$
B. $[2, 4)$
C. $[2, 4]$
D. $(2, 4]$

(二)填空题(每小题 3 分,共计 6×3 = 18 分)

1.设向量 $\boldsymbol{a} = (1,1,1)$,$\boldsymbol{b} = (0,1,1)$,则 $2\boldsymbol{a} \times \boldsymbol{b} =$ _____.

2.函数 $z = \mathrm{e}^{-x}\sin(x+2y)$,则 $\left.\dfrac{\partial z}{\partial y}\right|_{\substack{x=0 \\ y=\frac{\pi}{4}}} =$ _____.

3.若一平面薄片的面密度 $\mu(x,y)$ 在所占闭区域 D 上连续,则该薄片对 x 轴的转动惯量 $I_x =$ _____.

4.设曲线积分 $\displaystyle\int_L xy^n\mathrm{d}x + x^n y\mathrm{d}y$ 与路径无关,其中 n 为正整数,则 $n =$ _____.

5.若级数 $\displaystyle\sum_{n=1}^{\infty} u_n$ 的一般项 $\displaystyle\lim_{n\to\infty} u_n \neq 0$,则级数 $\displaystyle\sum_{n=1}^{\infty} u_n$ 是 _____.

6.级数 $\displaystyle\sum_{n=0}^{\infty} 2^n x^{2n}$ 的收敛半径 $R =$ _____.

(三)计算题(每小题 6 分,共计 8×6 = 48 分)

1.求曲面 $x^2 + 2y^2 + 3z^2 = 12$ 上点 $M(1,-2,1)$ 处切平面方程及法线方程.

2.设函数 $z = f\left(\mathrm{e}^{xy}, \dfrac{x}{y}\right)$,其中 f 二阶偏导数连续,求 $\dfrac{\partial z}{\partial x}, \dfrac{\partial z}{\partial y}, \dfrac{\partial^2 z}{\partial x^2}$.

3.计算二次积分 $\displaystyle\int_0^2 \mathrm{d}x \int_x^2 \mathrm{e}^{-y^2}\mathrm{d}y$.

4.求由抛物面 $z = x^2 + y^2$ 与平面 $z = 4$ 所围成立体的体积.

5.计算积分 $\displaystyle\int_L (y\mathrm{e}^x - 3x^2)\mathrm{d}x + (\mathrm{e}^x + y)\mathrm{d}y$,其中 L 是曲线 $y = x^2$ 上由点 $A(0,0)$ 到点 $B(1,1)$ 的曲线段.

6.求幂级数 $\displaystyle\sum_{n=1}^{\infty}\frac{(-1)^n}{n}x^n$ 的收敛区间及和函数 $S(x)$.

7.判别级数 $\displaystyle\sum_{n=1}^{\infty}n^2\sin\frac{\pi}{2^n}$ 的敛散性.

8.将函数 $f(x)=\dfrac{1}{x^2+4x+3}$ 展开成 x 的幂级数,并求收敛区间.

(四)应用题(每小题8分,共计 $2\times 8=16$ 分)

1.设一力场 $\boldsymbol{F}=(y^2+1)\boldsymbol{i}+(x^2+y)\boldsymbol{j}$,有一质点在此力场中沿曲线 $y=ax^2$ 自点 $O(0,0)$ 移动到点 $A(1,a)$,求 a 的值使力场所做的功最小.

2.试用二重积分证明 zOx 面上的曲线弧 $z=f(x)$,$f(x)\geqslant 0$,其中 $a\leqslant x\leqslant b$ 绕 z 轴旋转所得的旋转曲面的面积为 $A=2\pi\displaystyle\int_a^b x\sqrt{1+[f'(x)]^2}\mathrm{d}x$.

【模拟题四答案】

(一)1. D 2. C 3. A 4. B 5. A 6. D

(二)1. $(0,-2,2)$ 2. 0 3. $\iint\limits_{D} y^2 \mu(x,y)\mathrm{d}\sigma$ 4. 2 5. 发散 6. $\dfrac{\sqrt{2}}{2}$

(三)1. 切平面方程为 $x-4y+3z=12$,法线方程为$\dfrac{x-2}{1}=\dfrac{y+2}{-4}=\dfrac{z-1}{3}$.

2. $\dfrac{\partial z}{\partial x}=y\mathrm{e}^{xy}f'_1+\dfrac{1}{y}f'_2,\dfrac{\partial z}{\partial y}=x\mathrm{e}^{xy}f'_1-\dfrac{x}{y^2}f'_2,$

$\dfrac{\partial^2 z}{\partial x^2}=y^2\mathrm{e}^{2xy}f''_{11}+2\mathrm{e}^{xy}f''_{12}+\dfrac{1}{y^2}f''_{22}+y^2\mathrm{e}^{xy}f''_1.$

3. $\displaystyle\int_0^2\mathrm{d}x\int_x^2\mathrm{e}^{-y^2}\mathrm{d}y=\dfrac{1}{2}(1-\mathrm{e}^{-4}).$

4. 利用极坐标,$\iint\limits_{D}(4-x^2-y^2)\mathrm{d}x\mathrm{d}y=8\pi.$

5. 利用格林公式,$\displaystyle\int_L(y\mathrm{e}^x-3x^2)\mathrm{d}x+(\mathrm{e}^x+y)\mathrm{d}y=\mathrm{e}-\dfrac{1}{2}.$

6. 收敛区间为$(-1,1]$,$S(x)=-\ln(1+x),x\in(-1,1].$

7. 提示:$n^2\sin\dfrac{\pi}{2^n}\leqslant\pi\dfrac{n^2}{2^n}$,级数$\displaystyle\sum_{n=1}^{\infty}\dfrac{n^2}{2^n}$用比值判别法.

8. $f(x)=\dfrac{1}{(x+1)(x+3)}=\dfrac{1}{2}\left(\dfrac{1}{x+1}-\dfrac{1}{x+3}\right)$

$=\dfrac{1}{2}\left[\dfrac{1}{1-(-x)}-\dfrac{1}{3}\dfrac{1}{1+\dfrac{x}{3}}\right]$

$=\dfrac{1}{2}\left[\displaystyle\sum_{n=0}^{\infty}(-x)^n-\dfrac{1}{3}\sum_{n=0}^{\infty}(-\dfrac{x}{3})^n\right]$

$=\dfrac{1}{2}\displaystyle\sum_{n=0}^{\infty}(-1)^n(1-\dfrac{1}{3^{n+1}})x^n,-1<x<1.$

(四)1. $a=-\dfrac{5}{14}.$

2. 旋转曲面方程是 $z=f(\sqrt{x^2+y^2})$,

$A=\iint\limits_{D}\sqrt{1+[f'(\sqrt{x^2+y^2})]^2}\mathrm{d}x\mathrm{d}y,$

上式$=\iint\limits_{D}\sqrt{1+[f'(\rho)]^2}\rho\mathrm{d}\rho\mathrm{d}\theta=\displaystyle\int_0^{2\pi}\mathrm{d}\theta\int_a^b\rho\sqrt{1+[f'(\rho)]^2}\mathrm{d}\rho$

$=2\pi\displaystyle\int_a^b x\sqrt{1+[f'(x)]^2}\mathrm{d}x.$

模拟题五

(一) 单项选择题(每小题 3 分,共计 6×3 = 18 分)

1. 平面方程 $Ax + By + Cz + D = 0$,若 $A = B = D = 0, C \neq 0$,则平面是 ( ).

　　A. 通过 z 轴　　　　　B. xOy 坐标面　　　　C. xOz 坐标面　　　　D. yOz 坐标面

2. 函数 $f(x,y)$ 的偏导数 $f_x(x,y), f_y(x,y)$ 在点 (x_0, y_0) 处存在是函数在该点处连续的( ).

　　A. 充分条件　　　　　　　　　　　　B. 必要条件

　　C. 充要条件　　　　　　　　　　　　D. 既不充分也非必要条件

3. 函数 $z = x^3 - 3x - y^2$ 在点 $(-1, 0)$ 处( ).

　　A. 取得极大值　　　　B. 不取得极值　　　　C. 取得极小值　　　　D. 无法判断

4. 设两圆周 $\rho = 2\cos\theta$ 及 $\rho = 4\cos\theta$ 之间的均匀薄片的重心坐标为 $(\bar{x}, \bar{y})$,则 $\bar{y} = 0, \bar{x} = ($).

　　A. $\displaystyle\int_{-\frac{\pi}{2}}^{\frac{\pi}{2}} d\theta \int_{2\cos\theta}^{4\cos\theta} \rho^2 \cos\theta d\rho$ 　　　　　　B. $\displaystyle\int_{0}^{\frac{\pi}{2}} d\theta \int_{2\cos\theta}^{4\cos\theta} \rho^2 \cos\theta d\rho$

　　C. $\displaystyle\frac{1}{3\pi}\int_{-\frac{\pi}{2}}^{\frac{\pi}{2}} d\theta \int_{2\cos\theta}^{4\cos\theta} \rho^2 \cos\theta d\rho$ 　　　　D. $\displaystyle\frac{1}{3\pi}\int_{0}^{\frac{\pi}{2}} d\theta \int_{2\cos\theta}^{4\cos\theta} \rho^2 \cos\theta d\rho$

5. 幂级数 $\displaystyle\sum_{n=1}^{\infty} \frac{1}{\sqrt{n}}(x-3)^n$ 的收敛域为( ).

　　A. $(2,4)$ 　　　　　B. $[2,4)$ 　　　　　C. $(2,4]$ 　　　　　D. $[2,4]$

6. 函数 $f(x) = \dfrac{3}{(1-x)(1+2x)}$ 在 $x = 0$ 处的幂级数展开式是( ).

　　A. $\displaystyle\sum_{n=0}^{\infty} [(-1)^n + 2^n] x^n, |x| < 1$

　　B. $\displaystyle\sum_{n=0}^{\infty} [1 + (-1)^n 2^{n+1}] x^n, |x| < 1$

　　C. $\displaystyle\sum_{n=0}^{\infty} [1 + (-1)^n 2^{n+1}] x^n, |x| < \frac{1}{2}$

　　D. $\displaystyle\sum_{n=0}^{\infty} [(-1)^n + 2^{n+1}] x^n, |x| < \frac{1}{2}$

(二) 填空题(每小题 3 分,共计 6×3 = 18 分)

1. 设 $|\boldsymbol{a} - \boldsymbol{b}| = |\boldsymbol{a} + \boldsymbol{b}|$,且 $\boldsymbol{a} = (1, -5, 7), \boldsymbol{b} = (-2, 1, x)$,则 $x = $ _____.

2. $\dfrac{\partial}{\partial y}(x^2 y^3 - \sqrt{2+x-x^2} \cdot \arctan\sqrt{\dfrac{y}{x}})\Big|_{x=2,y=1} = $ _____.

3. 由曲线 $\begin{cases} \dfrac{x^2}{a^2} - \dfrac{y^2}{b^2} = 1 \\ z = 0 \end{cases}$ 绕 y 轴旋转一周所形成旋转曲面方程是 _____.

4. 交换二次积分 $I = \displaystyle\int_0^1 \mathrm{d}x \int_0^{\sqrt{2x-x^2}} f(x,y)\mathrm{d}y + \int_1^2 \mathrm{d}x \int_0^{2-x} f(x,y)\mathrm{d}y$ 次序后为

_____.

5. 设平面曲线 L 为上半圆周 $y = \sqrt{1-x^2}$，则 $\displaystyle\int_L (x^2+y^2)\mathrm{d}s = $ _____.

6. 级数 $\displaystyle\sum_{n=0}^{\infty} 3^n x^n$ 的收敛半径 $R = $ _____.

（三）计算题（每小题 8 分，共计 $6 \times 8 = 48$ 分）

1. 已知三点 $A(1,0,-1)$，$B(1,-2,0)$，$C(-1,2,-1)$，试求：

(1) $|\overrightarrow{AB} \times \overrightarrow{AC}|$；

(2) 三角形 $\triangle ABC$ 的面积 $S_{\triangle ABC}$；

(3) $\sin(\overrightarrow{AB}, \overrightarrow{AC})$。

2. 证明极限 $\displaystyle\lim_{(x,y)\to(0,0)} \dfrac{xy^2}{x^2+y^4}$ 不存在.

3. 求曲面 $z = xy$ 在点 $P(1,2,2)$ 处的切平面及法线方程.

4. 设函数 $z = f(x+\varphi(y))$，其中 $f(u)$，$\varphi(y)$ 的二阶导数存在，求 $\dfrac{\partial^2 z}{\partial x^2}, \dfrac{\partial^2 z}{\partial y^2}$.

5.计算二次积分$\iint\limits_{D} x\cos\dfrac{y}{x}\mathrm{d}x\mathrm{d}y$,其中积分区域$D$由直线$y=x,x=1,y=0$所围成的闭区域.

6.计算对坐标曲线积分$\oint\limits_{L} x^2 y\mathrm{d}x + y\mathrm{d}y$,其中$L$为曲线$x=y^2$与$y=x$所围成的闭曲线,按逆时针方向.

(四)应用题(每小题 8 分,共计 $2\times 8 = 16$ 分)

1.求由上半球面$z=\sqrt{2-x^2-y^2}$与旋转抛物面$z=x^2+y^2$所围成立体的体积.

2.设$\triangle ABC$的三边长分别是a,b,c,面积为S.现从$\triangle ABC$的内部一点P向三边作三条垂线(如图所示),求此三条垂线长的乘积的最大值.

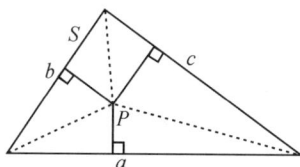

【模拟题五答案】

（一）1. B　2. D　3. A　4. C　5. B　6. B

（二）1. 1　2. 12　3. $\dfrac{x^2}{a^2} - \dfrac{y^2}{b^2} + \dfrac{z^2}{a^2} = 1$

4. $\displaystyle\int_0^1 \mathrm{d}y \int_{1-\sqrt{1-y^2}}^{2-y} f(x,y)\,\mathrm{d}x$　5. π　6. $\dfrac{1}{3}$

（三）1. (1) $2\sqrt{6}$；(2) $\sqrt{6}$；(3) $\dfrac{\sqrt{15}}{5}$.

2. 当 (x,y) 沿 $x = ky$ 趋近于 $(0,0)$ 时极限为 0；当 (x,y) 沿 $x = y^2$ 趋近于 $(0,0)$ 时极限为 $\dfrac{1}{2}$，故 $\displaystyle\lim_{(x,y)\to(0,0)} \dfrac{xy^2}{x^2+y^4}$ 不存在.

3. 切平面方程 $2x + y - z = 2$，法线方程为 $\dfrac{x-1}{2} = \dfrac{y-2}{1} = \dfrac{z-2}{-1}$.

4. $\dfrac{\partial^2 z}{\partial x^2} = f''(u),\dfrac{\partial^2 z}{\partial y^2} = f''(u)[\varphi'(y)]^2 + f'(u)\varphi''(y)$.

5. $\displaystyle\iint\limits_D x\cos\dfrac{y}{x}\,\mathrm{d}x\mathrm{d}y = \dfrac{\sin 1}{3}$.

6. $\displaystyle\oint_L x^2 y\,\mathrm{d}x + y\,\mathrm{d}y = -\dfrac{1}{28}$.

（四）1. $V = \displaystyle\iint\limits_D [\sqrt{2-x^2-y^2} - (x^2+y^2)]\,\mathrm{d}x\mathrm{d}y = \pi\left(\dfrac{4}{3}\sqrt{2} - \dfrac{7}{6}\right)$.

2. $f(x,y,z) = xyz$，满足条件 $ax + by + cz = 2S$，构造拉格朗日函数

$L(x,y,z,\lambda) = xyz + \lambda(ax + by + cz - 2S)$，

由 $\begin{cases} L_x = yz + \lambda a = 0 \\ L_y = xz + \lambda b = 0 \\ L_z = xy + \lambda c = 0 \\ L_\lambda = ax + by + cz - 2S = 0 \end{cases}$，

解得唯一驻点 $x = \dfrac{2S}{3a}, y = \dfrac{2S}{3b}, z = \dfrac{2S}{3c}$，由问题的实际意义知 f 有最大值，故当 $x = \dfrac{2S}{3a}, y = \dfrac{2S}{3b}, z = \dfrac{2S}{3c}$ 时，三垂线长乘积最大，最大值为 $\dfrac{8S^3}{27abc}$.

模拟题六

（一）选择题（每小题 3 分，共计 $6 \times 3 = 18$ 分）

1. 平面方程 $Ax + By + Cz + D = 0$，若 $A = D = 0, B \neq 0, C \neq 0$，则平面（　　）.

　A. 平行于 y 轴　　　B. 垂直于 y 轴　　　C. 垂直于 z 轴　　　D. 通过 x 轴

2. 函数 $f(x, y)$ 的偏导数 $f_x(x, y), f_y(x, y)$ 在点 (x_0, y_0) 处存在且连续是函数在该点处可微分的（　　）.

　A. 充分条件　　　　　　　　　　B. 必要条件

　C. 充要条件　　　　　　　　　　D. 既不充分也非必要条件

3. 函数 $z = x^3 - 3x - y^2$ 在点 $(1, 0)$ 处（　　）.

　A. 取得极大值　　　　　　　　　B. 不取得极值

　C. 取得极小值　　　　　　　　　D. 无法判断

4. 设两圆周 $\rho = 2\sin\theta$ 及 $\rho = 4\sin\theta$ 之间的均匀薄片的重心坐标为 $(\bar{x}, \bar{y})$，则 $\bar{x} = 0, \bar{y} = $（　　）.

　A. $\displaystyle\int_0^\pi d\theta \int_{2\sin\theta}^{4\sin\theta} \rho^2 \sin\theta d\rho$　　　　　　　B. $\displaystyle\int_0^{2\pi} d\theta \int_{2\sin\theta}^{4\sin\theta} \rho^2 \sin\theta d\rho$

　C. $\dfrac{1}{3\pi}\displaystyle\int_0^\pi d\theta \int_{2\sin\theta}^{4\sin\theta} \rho^2 \sin\theta d\rho$　　　　D. $\dfrac{1}{3\pi}\displaystyle\int_0^{2\pi} d\theta \int_{2\sin\theta}^{4\sin\theta} \rho^2 \sin\theta d\rho$

5. 幂级数 $\displaystyle\sum_{n=1}^\infty \dfrac{(-1)^n}{n}(x-3)^n$ 的收敛域为（　　）.

　A. $(2, 4)$　　　　　B. $(2, 4]$　　　　　C. $[2, 4)$　　　　　D. $[2, 4]$

6. 下列常数项级数中，收敛的是（　　）.

　A. $\displaystyle\sum_{n=1}^\infty \cos\dfrac{1}{n}$　　　　　　　　B. $\displaystyle\sum_{n=1}^\infty \dfrac{3 + (-1)^n}{2^n}$

　C. $\displaystyle\sum_{n=1}^\infty \left(\dfrac{1}{\sqrt{n}} + \dfrac{1}{2^n}\right)$　　　　　D. $\displaystyle\sum_{n=1}^\infty \dfrac{1}{n^{\frac{2}{3}}}$

（二）填空题（每小题 3 分，共计 $6 \times 3 = 18$ 分）

1. 设 $|\boldsymbol{a} - \boldsymbol{b}| = |\boldsymbol{a} + \boldsymbol{b}|$，且 $\boldsymbol{a} = (3, -5, 8), \boldsymbol{b} = (-1, 1, x)$，则 $x = $ _____.

2. $\dfrac{\partial}{\partial y}\left(x^2 y^3 + \sqrt{2 + x - x^2} \cdot \arctan\sqrt{\dfrac{y}{x}}\right)\Big|_{x=2, y=1} = $ _____.

3. 由曲线 $\begin{cases} \dfrac{x^2}{a^2} + \dfrac{y^2}{b^2} = 1 \\ z = 0 \end{cases}$ 绕 x 轴旋转一周所形成旋转曲面方程是_____.

4. 交换二次积分 $I = \int_1^2 dx \int_1^{x^2} f(x,y) dy$ 的积分次序, $I = \underline{\hspace{2cm}}$.

5. L 为直线 $y = x+1$ 上两点 $A(-1,0), B(0,1)$, 则 $\int_L (y-x) ds = \underline{\hspace{2cm}}$.

6. 级数 $\sum_{n=0}^{\infty} (ex)^n$ 的收敛半径 $R = \underline{\hspace{2cm}}$.

(三) 计算题(每小题 8 分, 共计 $6 \times 8 = 48$ 分)

1. 已知三点 $A(1,2,3), B(1,0,4), C(-1,4,3)$, 试求:

(1) $|\overrightarrow{AB} \times \overrightarrow{AC}|$;

(2) 三角形 $\triangle ABC$ 的面积 $S_{\triangle ABC}$;

(3) $\sin(\overrightarrow{AB}, \overrightarrow{AC})$.

2. 证明极限 $\lim\limits_{(x,y) \to (0,0)} \dfrac{xy}{x^2 + y^2}$ 不存在.

3. 求曲面 $x^2 + 2y^2 + 3z^2 = 12$ 在点 $P(1,-2,1)$ 处的切平面及法线方程.

4. 设 $z = f(2x-y) + g(x,xy)$, 其中 $f(t)$ 二阶可导, $g(u,v)$ 具有二阶偏导数, 求 $\dfrac{\partial z}{\partial x}, \dfrac{\partial^2 z}{\partial x^2}$.

5. 计算 $\iint\limits_{D} \sqrt{1-x^2-y^2}\,d\sigma$，其中 D 是圆周 $x^2+y^2=y$ 所围成的闭区域.

6. 计算对坐标曲线积分 $\oint_{L}(ye^x-3x^2)dx+(e^x+y)dy$，其中 L 为曲线 $y=\sqrt{1-x^2}$ 上由点 $A(1,0)$ 到点 $B(-1,0)$ 的曲线段.

（四）应用题（每小题 8 分，共计 $2\times8=16$ 分）

1. 在区间 $(-1,1)$ 内求幂级数 $\sum_{n=0}^{\infty}\dfrac{x^n}{n+1}$ 的和函数.

2. 在第 I 卦限内作椭球面 $\dfrac{x^2}{a^2}+\dfrac{y^2}{b^2}+\dfrac{z^2}{c^2}=1$ 的切平面，使切平面与三个坐标面所围成的四面体的体积最小，求切点坐标.

【模拟题六答案】

（一）1. D   2. A   3. B   4. C   5. B   6. B

（二）1. 1   2. 12   3. $\dfrac{x^2}{a^2}+\dfrac{y^2}{b^2}+\dfrac{z^2}{b^2}=1$

4. $\displaystyle\int_1^4 \mathrm{d}y \int_{\sqrt{y}}^2 f(x,y)\,\mathrm{d}x$ 5. $\sqrt{2}$ 6. $\dfrac{1}{\mathrm{e}}$

（三）1. (1) $2\sqrt{6}$；(2) $\sqrt{6}$；(3) $\dfrac{\sqrt{15}}{5}$.

2. 当 (x,y) 沿 $y=kx$ 趋近于 $(0,0)$ 时极限为 $\dfrac{k}{1+k^2}$，即极限随着 k 的变化

而变化，故 $\displaystyle\lim_{(x,y)\to(0,0)}\dfrac{xy}{x^2+y^2}$ 不存在.

3. 切平面方程 $x-4y+3z=12$，法线方程为 $\dfrac{x-1}{1}=\dfrac{y+2}{-4}=\dfrac{z-1}{3}$.

4. $\dfrac{\partial z}{\partial x}=2f'+g'_1+yg'_2,\ \dfrac{\partial^2 z}{\partial x^2}=4f''+g''_{11}+y(g''_{12}+g''_{21})+y^2 g''_{22}$.

5. $\displaystyle\iint\limits_{D}\sqrt{1-x^2-y^2}\,\mathrm{d}\sigma=\dfrac{\pi}{3}-\dfrac{4}{9}$.

6. $\displaystyle\oint_L (y\mathrm{e}^x-3x^2)\mathrm{d}x+(\mathrm{e}^x+y)\mathrm{d}y=2$.

（四）1. $S(x)=\begin{cases}-\dfrac{1}{x}\ln(1-x),\ 0<|x|<1\\[2mm] 1,\ x=0\end{cases}$.

2. $V=\dfrac{a^2 b^2 c^2}{6x_0 y_0 z_0}$，满足条件 $\dfrac{x_0^2}{a^2}+\dfrac{y_0^2}{b^2}+\dfrac{z_0^2}{c^2}=1$，构造拉格朗日函数

$F(x_0,y_0,z_0)=\ln x_0+\ln y_0+\ln z_0+\lambda(\dfrac{x_0^2}{a^2}+\dfrac{y_0^2}{b^2}+\dfrac{z_0^2}{c^2}-1)$，解方程组：

$\begin{cases}\dfrac{1}{x_0}+\dfrac{2\lambda x_0}{a^2}=0\\[2mm]\dfrac{1}{y_0}+\dfrac{2\lambda y_0}{b^2}=0\\[2mm]\dfrac{1}{z_0}+\dfrac{2\lambda z_0}{c^2}=0\\[2mm]\dfrac{x_0^2}{a^2}+\dfrac{y_0^2}{b^2}+\dfrac{z_0^2}{c^2}=1\end{cases}$，解得当 $x_0=\dfrac{a}{\sqrt{3}},y_0=\dfrac{b}{\sqrt{3}},z_0=\dfrac{c}{\sqrt{3}}$ 时，所围立

体的体积最小且最小体积 $V=\dfrac{\sqrt{3}}{2}abc$.

图书在版编目(CIP)数据

高等数学同步辅导. 下册 / 周晖杰,徐海勇,刘明华
主编.—杭州:浙江大学出版社,2014.1(2025.1 重印)
ISBN 978-7-308-12855-1

Ⅰ.①高… Ⅱ.①周… ②徐… ③刘… Ⅲ.①高等数
学—高等学校—教学参考资料 Ⅳ.①013

中国版本图书馆 CIP 数据核字(2014)第 018105 号

高等数学同步辅导(下册)

周晖杰　徐海勇　刘明华　主编

责任编辑	王　波
封面设计	十木米
出版发行	浙江大学出版社
	(杭州市天目山路 148 号　邮政编码310007)
	(网址：http://www.zjupress.com)
排　　版	杭州星云光电图文制作工作室
印　　刷	杭州高腾印务有限公司
开　　本	710mm×1000mm　1/16
印　　张	9
字　　数	170 千
版 印 次	2014 年 1 月第 1 版　2025 年 1 月第 7 次印刷
书　　号	ISBN 978-7-308-12855-1
定　　价	20.00 元